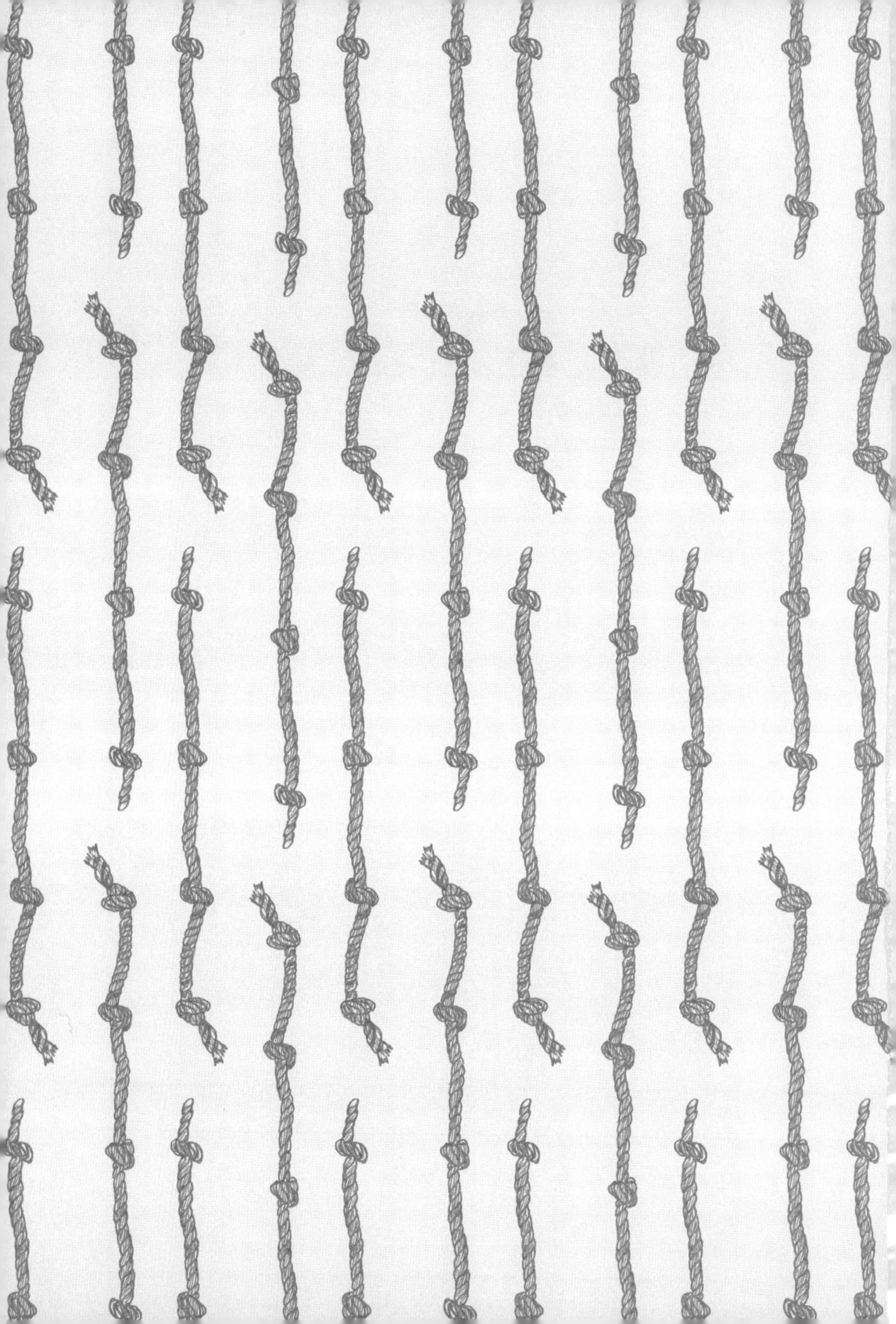

Laurence King Verlag GmbH
Jablonskistraße 27, 10405 Berlin
www.laurencekingverlag.de

Erstmals erschienen bei Laurence King Publishing
in Großbritannien 2022
unter dem Titel *How to Build a Treehouse*

Laurence King Publishing ist ein Imprint der
The Orion Publishing Group Ltd
Carmelite House, 50 Victoria Embankment
London EC4Y 0DZ

Ein Unternehmen von Hachette UK

Buch- und Umschlaggestaltung: Alexandre Coco
Illustrationen: David Sparshott
Projektmanagement: Rosanna Fairhead
Lektorat: Sarah Yates
Korrektorat: Patricia Burgess
Herstellung: F1 Colour Ltd

Für die deutsche Ausgabe
Lektorat: Thomas Hauffe, hauffe publishing, Dortmund
Satz: Igor Divis, Dortmund
Projektleitung: Thomas Hauffe, hauffe publishing, Dortmund

ISBN 978-3-96244-313-9
2. Auflage 2026
Gedruckt in China

**Dieses Buch widmen
wir dir, Silvester.
Wir freuen uns auf alles,
was da kommt mit Dir!**

Sicherheit geht vor! Bei den in diesem Buch beschriebenen Arbeiten solltest du grundsätzlich immer größtmögliche Vorsicht und Sorgfalt walten lassen. Die Autoren und der Verlag können keine Verantwortung für Sach- oder Personenschäden übernehmen, die durch den Gebrauch der in diesem Buch enthaltenen Informationen eventuell entstehen. Die Durchführung aller beschriebenen Arbeitsschritte erfolgt auf eigene Gefahr. Beim Bau deines Baumhauses musst du möglicherweise gesetzliche Regelungen oder Bauvorschriften beachten. Lasse dich ggf. juristisch beraten oder erkundige dich beim örtlichen Bauamt.

Wie man ein Baumhaus baut

Christopher Richter

Miriam Rüggeberg

Laurence King Verlag

Bevor es losgeht

Die Baustelle vorbereiten

Die Unterkonstruktion

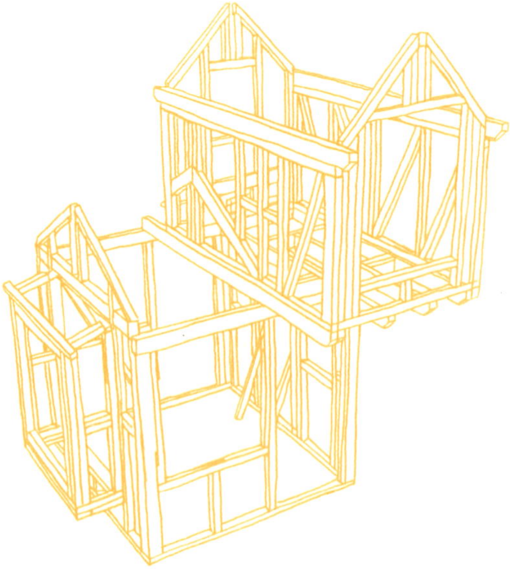

Das Baumhaus

Die Innenausstattung

Vorwort von Pete Nelson

Baumhäuser haben eine gewisse Magie, die auf Jung und Alt in der ganzen Welt wirkt. Ob es das Gefühl ist, das ein Kind hat, wenn es auf einen Baum klettert, um an einen Ort zu gelangen, der nur ihm gehört, oder die Nostalgie eines Erwachsenen beim Anblick eines einfachen Rückzugsorts oben in einer Baumkrone – es gibt wohl keinen Zweifel am Glücksversprechen eines Baumhauses.

Als junger Zimmermann in den späten 1980er Jahren entdeckte ich, dass das wundersame Gefühl, das ich als Kind hatte, als ich davon träumte, ein kunstvolles Baumhaus im Tarzan-Stil in meinem Garten zu bauen, immer noch lebendig war. Ein Nachbar hatte ganz in der Nähe der Straße, wo ich wohnte, ein einfaches Baumhaus für seinen kleinen Sohn gebaut und damit bei mir eine Frage geweckt, die ich seither zu beantworten versuche: Können Menschen sicher und verantwortungsbewusst zu den Bäumen und Wäldern unserer schönen Welt zurückkehren?

Die persönliche Reise, die darauf folgte, hat Bauherren, Designer, Ingenieure und Baumpfleger zusammengebracht, aber auch ganz normale Menschen, die einfach die Idee lieben, einen Raum in den Armen der Natur zu schaffen – Amateure wie mich, die neugierig sind, wohin unsere Fantasie uns führen könnte. Der Gründung eines Unternehmens für den Bau von Baumhäusern lag nicht die Vorstellung einer guten Geschäftsidee zugrunde, aber die Freude, die dieses Unterfangen mir und den Menschen um mich herum gebracht hat, ist unbestreitbar.

1997 organisierte ich mit einigen Gleichgesinnten die erste Welt-Baumhaus-Konferenz, die bis heute existiert. Unser Ziel war es, den sichersten Weg zu finden, uns mit lebenden Bäumen zu verbinden. Heute, durch die Arbeit vieler Menschen über viele Jahre hinweg, haben wir einen Weg gefunden, unsere kühnsten Träume zu verwirklichen – ein Weg, der nicht nur die Baumhausbewohner, sondern auch die Bäume schützt.

Das Beste an der Arbeit, die man liebt, sind vielleicht die Beziehungen, die man dadurch knüpft. Mein lieber Freund Christopher Richter ist ein Paradebeispiel dafür. Vor mehr als 20 Jahren erschien sein sympathisches Gesicht direkt über der Plattform eines kleinen Baumhauses, das ich in einer Münchner Messehalle zu bauen begonnen hatte. Er war kräftig und gut einen Kopf größer als alle anderen, und mir dämmerte, dass mein neuer Freund damit schon die natürlichen Eigenschaften eines zukünftigen Baumhaus-Bauers hatte. Selten lag mein Instinkt so richtig. Mit Christophers Hilfe gewannen wir bei der Exempla's Outdoor-Architecture-Ausstellung eine Goldmedaille, und seitdem sind er und ich Freunde.

In diesem Buch erklären Christopher und seine Frau Miriam detailliert, wie man sichere und langlebige Baumhäuser baut. Während wir dieses neue Architektur-Genre vorantreiben, lernen wir viel darüber, wie Bäume auf unsere Aufmerksamkeit reagieren.

Nach jahrzehntelanger genauer Beobachtung hat sich nun eine gesunde, symbiotische Beziehung zwischen den lebenden Bäumen und uns launischen Baumeistern entwickelt. Nichts ist besser, als Zeit in der Natur zu verbringen, und wenn du das bequem ein paar Meter über dem Waldboden tun kannst, wird deine Verbindung mit der natürlichen Welt nur noch stärker werden.

Auf die Bäume!

Einführung

Stell dir vor, du hast gerade das letzte Brett montiert. Zufrieden legst du den Hammer beiseite und siehst es dir an: dein eigenes Baumhaus. Die Blätter rascheln sacht neben deinen Ohren, eine sanfte Brise kühlt dein Gesicht. Du hörst Vogelgezwitscher und lässt den Blick über dein Werk schweifen. Von einem freudigen Seufzer eingeleitet, kehrt tiefe Ruhe in dir ein. Mit einem kühlen Getränk in der Hand setzt du dich auf die selbst gebaute Bank und denkst: „Wahnsinn, das habe ich gebaut!" Was für ein tolles Gefühl!

Dieses höchst befriedigende Erlebnis wollen wir dir mit diesem Buch ermöglichen. Es richtet sich an alle, die Holz als Werkstoff lieben, gerne mit Werkzeug hantieren und keine Scheu haben, es zu benutzen. Hier erfährst du, wie du ein einfaches, aber solides, qualitativ hochwertiges Baumhaus baust, an dem du dich noch viele Jahre erfreuen wirst – sei es als Eltern-Kind-Projekt, um die Eiche im Garten endlich mit einem Baumhaus auszustatten, oder um dir den lang ersehnten Rückzugs(t)raum in der Natur zu erfüllen.

Jedes Baumhaus ist einzigartig, doch wir wollen es dir so einfach wie möglich machen. Damit jeder Schritt nachvollziehbar ist, haben wir für dieses Buch bei Freunden ein Baumhaus gebaut. Dieses kannst du entweder eins zu eins nachbauen oder als Vorlage für dein ureigenes Waldnest verwenden.

Der Aufbau dieses Buches ist vergleichbar mit der Form eines Baumes: Der Hauptstamm bis zu seiner kleinsten Spitze hoch oben im Wipfel zeigt dir Schritt für Schritt, wie du das Baumhaus nachbaust, das wir für dieses Buch gebaut haben. Die Äste und Zweige, die dir auf dem Weg nach oben begegnen, beschreiben alternative Methoden, die dir helfen sollen, wenn dir etwas anderes vorschwebt als das vorgestellte Baumhaus.

Auf Seite 176 findest du einen QR-Code mit einem Link zur Website des Laurence-King-Verlags, wo direkt beim Buch der Bauplan, sowie das 3D-Modell des Baumhauses für dich zum Download bereitstehen.

☞ Zahlreiche 3D-Design-Programme wie z.B. SketchUp, mit dem auch das im Buch beschriebene Baumhaus geplant wurde, bieten heutzutage auch Anfängern die Möglichkeit, Baupläne für kleine und größere DIY-Projekte zu erstellen. Video-Tutorials zu den jeweiligen Apps zeigen Anwendern jedes Könnensstands die wichtigsten Schritte. Manche der Programme sind auch – teils mit eingeschränkten Funktionen – als kostenfreie Versionen erhältlich. Die digitale Planung erfordert zwar etwas Einarbeitung, erleichtert dir aber die Arbeit vor Ort. So kannst du das Baumhaus schon virtuell konstruieren und siehst mögliche Komplikationen, bevor sie dir beim Bau begegnen. Natürlich kannst du dein Baumhaus auch ohne digitale Hilfe bauen. Wichtig ist in jedem Fall eine gute Vorbereitung und dass du für den jeweiligen Einsatzzweck geeignete Holzarten in den richtigen Querschnitten verwendest. Zusammen mit den Konstruktionsmethoden aus diesem Buch ergibt das am Ende ein tolles Baumhaus.

SketchUp findest du auch als kostenlose Version unter: www.sketchup.com

Website *www.laurencekingverlag.de* ebenfalls für dich zum Download bereit. Mit der 3D-Design-Software SketchUp kannst du es ansehen und bearbeiten. Unser Modell kannst du auch als Grundlage für dein eigenes Baumhaus nehmen und beliebig verändern, bis es deinen Vorstellungen entspricht.

Ressourcen

Wir zeigen, wie viel Zeit, Budget und Know-how wir eingesetzt haben, um dieses Baumhaus zu realisieren. So lernst du anhand unserer Parameter dein eigenes Vorhaben besser einzuschätzen. Denn ein Baumhaus zu bauen bedeutet oft, zu improvisieren, sich selbst Lösungen einfallen zu lassen und flexibel auf unerwartete Herausforderungen zu reagieren. Es unterscheidet sich grundlegend von vielen anderen Projekten, die man sich im Leben so vornehmen kann. Der Baum ist ein lebendiges Wesen, an das man sich anpassen muss. Ein wenig wie ein eigenes Kind. Apropos Kind: die Idee für das vorliegende Baumhaus hat uns die sechsjährige Bauherrin Leni gegeben, die es mit ihrem Bruder Oskar wild bespielt. Danke, Leni!

ARBEITSKRAFT:

Während des Baus sollte immer mindestens ein Helfer an deiner Seite sein – aus Sicherheitsgründen, weil es gemeinsam mehr Spaß macht, und weil Manches allein einfach nicht gut zu bewerkstelligen ist. Je weiter der Bau voranschreitet, desto öfter sind mehrere Leute nötig, um weiterzukommen. Kann man die Unterkonstruktion vielleicht noch zu zweit aufstellen, wird es weiter oben schon komplizierter. Wenn z.B. die Wände an der Reihe sind, sollten auf jeden Fall vier Leute auf der Baustelle sein: Zwei heben unten die Wände rauf, zwei nehmen sie oben entgegen und montieren sie. Im weiteren Verlauf ist es immer gut, wenn gleichzeitig unten am Boden und oben auf der Plattform gearbeitet werden kann. So können die am Boden denen auf der Plattform Werkzeug und Material heraufreichen und wieder abnehmen. Für dieses Projekt solltest du also immer zwei bis drei Personen auf Abruf haben, die dich bei Bedarf unterstützen können.

ZEIT:

Wir haben im Frühling mit dem Bau dieses Baumhauses begonnen und waren im Spätsommer fertig. Da wir beide berufstätig sind und einen kleinen Sohn haben, konnten wir nur an den Wochenenden bauen. Du solltest auf jeden Fall damit rechnen, dass der Bau länger dauern wird als gedacht. Schlechtes Wetter, Krankheit, fehlendes Werkzeug oder auch Fehler und Pannen können und werden deinen Bau verzögern. Regentage kannst du natürlich zur Vorfertigung von Teilen in der Werkstatt nutzen. Wenn du immer nur in kurzen Abschnitten bauen kannst, stellt sich nicht jedes Mal der für ein gutes Vorankommen notwendige Flow ein. Baue also wenn möglich in weniger und dafür längeren Abschnitten, dann kannst du effizienter arbeiten und kommst schneller zum gewünschten Ergebnis.

BUDGET:

Die Materialkosten für unser Baumhaus betrugen ca. 3500 Euro. Bis auf die Fenster und die Ornamentbretter am Geländer haben wir ausschließlich neue Materialien verwendet. Alle dem Wetter ausgesetzten Bauteile sind bei unserem Baumhaus aus teurerem Lärchenholz, innen haben wir ausschließlich mit günstigerem Fichtenholz gearbeitet. Aus Kostengründen auch im Außenbereich auf Fichtenholz zurückzugreifen, würden wir nicht empfehlen. Dieses muss erstens aufwendig behandelt und zweitens in regelmäßigen Abständen nachbehandelt werden, was die Ersparnis schnell relativiert. Optisch kommt behandeltes Fichtenholz auch nicht an Lärchenholz heran, von der Umweltverträglichkeit ganz zu schweigen. Wo kannst du also sparen? Beschaffe dir so viel Material wie möglich aus zweiter Hand. Alte Fenster, wiederverwendete Bretter und Balken, eventuell sogar korrodierte Bleche für deine Dacheindeckung lassen dein Baumhaus so aussehen, als sei es schon lange bewohnt. Nicht zuletzt schonst du damit auch die Umwelt. Achte natürlich immer darauf, dass das Altholz in gutem Zustand ist und Bleche nicht durchgerostet sind. Leihe dir teures Werkzeug von Bekannten oder beim Werkzeugverleih, denn viele der benötigten Werkzeuge wirst du nach diesem Bau vielleicht nie wieder brauchen.

Wem du hier vertraust

Christopher blickt als freier Mitarbeiter von baumbaron auf mehr als 200 professionell gebaute Baumhäuser zurück. Jedes davon ist einzigartig. Er kennt den gesamten Prozess von der Ideenfindung über die Planung bis zum Verlegen der letzten Dachschindel.

Christopher und unser Sohn Silvester bohren ein Loch.

Er weiß auch, wie wichtig ein gut durchdachter Plan ist, wenn das Baumhaus solide sein und lange halten soll. Als Kind hatte er nie ein eigenes Baumhaus, vielleicht kommt daher sein unstillbares Bedürfnis, ein Baumhaus nach dem anderen zu bauen. Nach seiner Zeit in den USA bei Pete Nelson war sein Schicksal besiegelt: Den Duft von Zedernschindeln und die Arbeit in den Bäumen wollte er fortan nicht mehr missen. 2013 rief er den Baumhausblog ins Leben, um den faszinierenden Geschichten rund um Baumhäuser einen Platz zu geben, wo sie von allen Interessierten entdeckt werden können. Konsequenterweise verliebte er sich in Miriam, die seine Begeisterung für Baumhäuser teilt, und wenn alle Wünsche in Erfüllung gehen, haben sie dann irgendwann auch ein eigenes Baumhaus.

In dem Garten von Miriams Kindheit standen Obstbäume, in die sie wahnsinnig gerne hinaufkletterte. Wenn sie dort oben nicht las, auch mal Vokabeln lernte oder Obst naschte, brachte sie geretteten Stadtkatzen das Klettern auf Bäume bei. Ein befreundeter Schreiner half ihr mit zwölf Jahren, ihr eigenes Baumhaus zu bauen, das „Räubernest" getauft wurde. Neben einem furchteinflößenden Wegweiser hängte sie ein Regenschirmgerippe auf, das wie eine Riesenspinne vom Dachbalken herunterhing und unliebsame Gäste abschreckte. Als Piratin oder auch mal von einer Hexe ausgebüxtes Waisenkind schlief und las sie dort und lud alle Katzen zu Milch und Fischen ein, die sie vom Baumhaus aus geangelt hatte. Das Baumhaus war für Miriam ein freier Raum, den sie mit viel Fantasie, wilden Abenteuern und Geschichten füllte. Später hat Miriam ihre Leidenschaft für das Schreiben zum Beruf gemacht und arbeitet heute als freie Redakteurin und Bloggerin. Die Faszination für Baumhäuser ist seitdem noch größer geworden. Und als wäre das nicht schon genug, hat sie sich in einen Baumhausbauer verliebt. Jetzt haben Miriam und Christopher nicht nur einen werkzeugbegeisterten Sohn, sondern schreiben auch für den gemeinsamen Baumhausblog.

Baumhausbau mit Kindern

Wenn du das Baumhaus mit einem oder mehreren Kindern bauen möchtest: Lass dein Kind nie mit dem Werkzeug unbeaufsichtigt. Besorge ihm Schutzausrüstung und wenn es schon älter ist, qualitativ hochwertiges Werkzeug. Kleinkinder freuen sich auch über Spielzeug-Werkzeug.

Freiwilligkeit geht vor! Beziehe dein Kind und seine Wünsche immer mit ein. Lass dein Kind auch Aufgaben selbst aussuchen, indem du ihm eine (seinem Alter angemessene) Auswahl bietest: „Möchtest du lieber Bretter anschrauben oder mir helfen, das Geländer glatt zu schleifen?" So fühlt es sich selbstbestimmt und hat noch mehr Lust, sich am Baumhausbau zu beteiligen. Dazu findest du in jedem Kapitel beispielhafte Anregungen, wie du dein Kind spielerisch in den Arbeitsprozess einbinden kannst. Welche Aufgabe du deinem Kind jeweils übertragen möchtest und mit welchem Werkzeug es hantieren darf, kannst du als Mama/Papa dabei sicher am besten einschätzen.

Vetraue deinem Kind und traue ihm etwas zu, so traut es sich später auch selbst mehr zu. Es darf daher unter deiner Aufsicht eigene Werkerfahrungen – und dabei auch Fehler – machen. Dazu gehört auch, dass es sich z.B. mal mit dem Hammer auf den Finger haut, um zu begreifen, warum man mit Werkzeug vorsichtig sein sollte. Bestärke dein Kind und mache es darauf aufmerksam, dass es mit jedem Mal ein bisschen besser wird. So lernt es, dass eine Fertigkeit ein Lernprozess ist und nicht nur Begabung eine Rolle spielt.

Jedes Kind hat sein eigenes Tempo. Bedenke, dass Kinder meist eine geringere Ausdauer und Konzentration als wir haben. Wenn dein Kind müde ist oder eine Aufgabe nicht fertigstellen konnte, sei ihm also nicht böse. Ansonsten läufst du Gefahr, dass es die Lust am Bauen und am Baumhaus selbst verliert und das Ganze nur als Pflicht sieht. Das wäre schade, oder? Also: Die Freude am Werken darf immer im Vordergrund stehen. Nimm dir dafür Zeit, denn unter Zeitdruck zu werken bereitet nicht nur dir, sondern auch deinem Kind großen Stress.

Dein Nachwuchs kann natürlich auch jederzeit an einem eigenen Projekt arbeiten, einen kleinen Hocker bauen, etwas schnitzen, ein Türschild malen usw. Gewähre ihm dabei seinen Freiraum für eigene Vorstellungen. Vermeide Tipps und „So geht's aber besser"-Anweisungen, bzw. setze diese sparsam ein und greife nur ein, wenn seine Sicherheit gefährdet ist. Anregungen zu eigenen Werkideen für Kinder findest du am Ende des Buches in unserer Literaturliste.

Bringe deinem Kind Wertschätzung entgegen und bedanke dich, dass es dir so toll geholfen hat. Wir legen dir ans Herz, keine Bewertungen oder Urteile über seine eigenen Werke zu fällen, denn wie das Kind ist jedes Stück einzigartig und individuell.

So arbeitest du mit diesem Buch

Moment! Bevor du loslegst, gehe mit uns kurz durch, wie du am besten mit diesem Buch arbeitest. Lies dir zunächst die Hinweise sorgfältig durch, sie enthalten wichtige rechtliche Informationen zum Baumhausbau sowie zu Sicherheitsvorkehrungen auf der Baustelle und weitere Tipps, die du im weiteren Verlauf gut anwenden kannst. Gleich im ersten Kapitel haben wir eine Übersicht der Werkzeuge und Materialien zusammengestellt, die du für dein Baumhaus benötigst. Die darauffolgenden Kapitel, die sich dem Bau des Baumhauses widmen, sind folgendermaßen aufgebaut:

KAPITELÜBERSCHRIFT In der Einleitung erfährst du immer in aller Kürze, welche Schritte dich in diesem Abschnitt erwarten und auf was du achten solltest.

WERKZEUG Hier listen wir Werkzeug auf, das du benötigst, um die Arbeitsschritte des jeweiligen Kapitels durchzuführen. Standardwerkzeuge wie Zollstock, Bleistift, Akkuschrauber und dergleichen erwähnen wir an dieser Stelle nicht jedes Mal; sie sind in der Werkzeugliste auf Seite 22 unter „Grundausstattung" zusammengefasst. Diese Werkzeuge solltest du immer vor Ort bereithalten.

MATERIAL An dieser Stelle erfährst du, welches Baumaterial du für dein Baumhaus im jeweiligen Schritt brauchst, wie Holz, Schrauben, Bleche, usw. Wenn du dein Baumhaus selbst planst, siehst du hier, welche Holz-Querschnitte für den jeweiligen Bauabschnitt geeignet sind. Ausnahmen bilden die Plattform und die Unterkonstruktion, siehe „Planung und Dimensionierung von tragenden Balken" auf Seite 35.

IN DER WERKSTATT Vorbereitende Arbeitsschritte, die einfacher am Boden durchzuführen sind, wie der Zuschnitt und die Vorfertigung einzelner Bauelemente, werden hier beschrieben.

AUF DER BAUSTELLE Die Arbeitsschritte der Montage vor Ort findest du unter diesem Punkt. Dieses Buch wird dich durch dein Projekt begleiten und hoffentlich den Großteil der Fragen beantworten, die dir auf dem Weg zum fertigen Baumhaus begegnen. Trau dich aber auch, es beiseite zu legen und einen eigenen Weg einzuschlagen – bis du das Buch an der nächsten Astgabelung wieder antriffst und die Arbeit damit wiederaufnimmst.

Lies dir bitte jedes für dich relevante Kapitel wie bei einem Kochrezept einmal ganz durch. So hast du einen guten Überblick über die Schritte, die vor dir liegen und damit alle wichtigen Details im Blick. Das wird dir viel Arbeit ersparen. So, und nun auf zu den Bäumen!

Dieses Buch ist eine Schritt-für-Schritt-Anleitung zum Bau eines Baumhauses. Neben Zimmermannstechniken kommen auch Methoden zum Einsatz, die sich über die Jahre bei über 200 durchgeführten Baumhausprojekten jeglicher Art und Größe bewährt haben. So ist die Arbeit auch für Laien durchführbar und/oder auch für kleinere Baumhäuser angemessen.

1

Bevor es losgeht

1.1
Sicherheit geht vor!

Führe aus Sicherheitsgründen alle beschriebenen Arbeitsschritte immer mindestens zu zweit und unter Aufsicht mindestens eines Erwachsenen aus.

Besonders gefährliche Arbeiten, wie die Bedienung von elektrischen oder motorbetriebenen Sägen, sind nur nach vorheriger Einweisung durch qualifizierte Personen durchzuführen. Arbeite in der Höhe stets gesichert, entweder durch ein Geländer oder mit geeigneter Schutzausrüstung gegen Absturz, wie einem Helm, Gurt und Klettersystem.

Denke immer daran, dass das Bearbeiten von Holz gefährlich sein kann. Sei also stets vorsichtig beim Umgang mit Werkzeug. Lies dir insbesondere beim Arbeiten mit Elektrowerkzeug vorher die Betriebsanleitung durch und befolge die Hinweise zum Arbeitsschutz. Trage geeignete Kleidung, keine schlabberigen Shirts, die dich beim Arbeiten behindern könnten, oder Flip-Flops, die deine Füße unnötig in Gefahr bringen. Binde deine Haare nach hinten, falls sie länger als schulterlang sind, sodass sie sich beim Bohren oder Schrauben nicht aufwickeln. Die Klingen und Bohrer deiner Werkzeuge sollten stets scharf sein, damit ein präzises und sicheres Arbeiten möglich ist.

Von der ersten bis zur letzten Sekunde deines Baumhaus-Baus steht deine Sicherheit und die deiner Helfer*innen an erster Stelle, direkt gefolgt von der Gesundheit und Sicherheit deines Baumes. Beachte dazu entsprechende Hinweise unter „Baumgesundheit" (S. 31/32).

Die zehn Gebote beim Baumhausbau

1. **Arbeite stets mit Bedacht und überlege vor jedem Schritt lieber zweimal, was du tust.**
2. **Achtet aufeinander.**
3. **Nicht rennen, nicht hetzen.**
4. **Halte deine Baustelle sauber und frei von Stolperfallen und Gegenständen, die von oben herunterfallen könnten.**
5. **Trage geeignete Schutzkleidung (feste Arbeitsschuhe, Handschuhe, Helm).**
6. **Führe (vor allem in der Höhe) nur Arbeiten durch, bei denen du dich absolut sicher fühlst.**
7. **Ziehe den Stecker, bevor du z.B. einen Bohrer oder ein Sägeblatt wechselst.**
8. **Arbeitet immer mindestens zu zweit auf der Baustelle.**
9. **Mache lieber morgen weiter, statt „noch schnell" was zu Ende zu bringen, obwohl du eigentlich schon riesigen Hunger hast.**
10. **Eine gute Planung ist Gold wert. Jede nachträgliche Arbeit, jede zusätzliche Fahrt zum Baumarkt kostet dich unnötig Zeit.**

1.2 Den Arbeitsplatz einrichten

Bevor du loslegst, richte zuallererst deinen Arbeitsplatz ein:

STROM VERLEGEN. Wahrscheinlich kommt der Strom für deine Baustelle von einer Steckdose im Haus, einem Schuppen oder irgendwo im Garten. Ist keine Steckdose in der Nähe, kannst du auch einen geeigneten Stromgenerator verwenden. Das sorgt allerdings für eine konstant hohe Lärm- und Geruchsbelästigung und ist immer mit Vorsicht zu genießen. Je nachdem, wie weit die zu überbrückende Strecke zu deiner Baustelle ist, brauchst du dafür eine oder mehrere Kabeltrommeln. Diese und alle zum Einsatz kommenden Kabel müssen für den Außenbereich geeignet sein! Rolle die Kabeltrommel immer ganz ab, damit sich das Kabel nicht überhitzt. Wenn du einen Kompressor benutzt, stecke ihn möglichst nah an der Stromquelle an, sodass er genug Power bekommt, um anzuspringen. Bei Kabelverbindungen verknote am besten zusätzlich beide Kabelenden locker miteinander. Dann stehst du mitten in der Arbeit nicht plötzlich ohne Strom da.

LADEGERÄTE ANSCHLIESSEN. Bevor du jeden Morgen mit dem Bau beginnst, schließe vorher deine Ladegeräte an. So hast du immer volle Akkus. Andernfalls wäre es lästig, deine Arbeit ständig unterbrechen zu müssen.

ARBEITSFLÄCHEN AUFBAUEN. Zwei Böcke und eine große Holzplatte darauf als Werktisch solltest du unbedingt aufstellen. Auf diesem kannst du viele Bauteile und -elemente auf einer angenehmen Arbeitshöhe vorfertigen und deine Werkzeuge ablegen. Am besten hast du zwei Tische: einen größeren zum Arbeiten und einen kleineren als Ablagefläche für dein Werkzeug. Hier reicht z.B. ein Tapeziertisch, so bekommst du viel Fläche für wenig Geld. Wenn du mithilfe einer großen Plane ein schützendes Dach über deine Arbeitsfläche spannen kannst, ist das natürlich noch viel besser.

MATERIAL LAGERN. Balken, Bretter, Riegel, Latten: Lagere dein gesamtes Baumaterial bis zu seiner Verwendung ordentlich. Das bedeutet, dass es vor Nässe geschützt und gut belüftet wird, sodass nichts schimmelt. Lege also Lagerhölzer unter dein Material, damit es ausreichend Abstand zum Boden hat, oder lege es auf Böcke. Sorge auch für etwas Abstand zwischen deinen Hölzern, indem du z.B. kleine Leisten zwischen jede Lage legst. Falls du mit Dachfolie und/oder Blechen arbeitest, kannst du diese gleich als Abdeckung verwenden und dein Material so vor Regen schützen. Ansonsten nimm eine große feste Bauplane. Das sind die Gewebeplanen aus dem Baumarkt mit Ösen an den Seiten. Achte dann aber darauf, dass noch genug Luft an dein Bauholz kommt. Pilze und Schimmel siedeln sich schnell an, wenn das Holz luftdicht verpackt gelagert wird. Beschwere deine Abdeckung so, dass sie auch bei starkem Wind nicht davonfliegen kann.

REGENSCHUTZ. Halte eine Plane bereit, mit der du deine Werkzeuge bei einem spontanen Regenguss in Sicherheit bringen kannst. Eine große Alubox ist dafür ebenfalls gut geeignet. In ihr kannst du auch größere Mengen Werkzeug bequem hin und her transportieren.

GRUNDAUSSTATTUNG. Standardwerkzeuge wie Zollstock, Bleistift, Akkuschrauber und dergleichen sind auf Seite 22 unter „Grundausstattung" zusammengefasst. Diese Werkzeuge solltest du immer vor Ort bereithalten.

FUNDAMENT. Wenn du beim Fundamentieren Schnellbeton nimmst, kannst du noch am gleichen Tag weiterarbeiten. Mit normalem Zement musst du unter Umständen 2–3 Tage warten, bis dieser ausgehärtet ist. Ansonsten besteht die Gefahr, dass die Fundamente reißen und du alles noch mal machen musst. In jedem Fall benötigst du eine Atemschutzmaske, da der bei der Verarbeitung entstehende Staub ätzend für deine Lungen ist. Verwende dabei auch Handschuhe, da das Zeug deine Haut angreift und austrocknend wirkt.

1.3
Holzauswahl

Als gute Holzarten für den Baumhausbau haben sich für uns besonders Lärchen- und Fichtenholz bewährt. Beide sind als heimische Hölzer in Holzhandlungen und Baumärkten erhältlich.

Lärchenholz ist überall dort erste Wahl, wo das Holz den Elementen ausgesetzt ist. Es ist durch seinen hohen Harzgehalt sehr witterungsbeständig und muss nicht behandelt werden. Konstruktiver Holzschutz ist somit völlig ausreichend. Tragende Teile wie Unterkonstruktion und Plattform können komplett aus Lärchenholz gefertigt werden.

Fichtenholz ist für den Bau von Wandrahmen und Dachstuhl sehr gut geeignet. Es ist relativ günstig und lässt sich gut verarbeiten, da es ein recht weiches Holz ist. Allerdings sollte es nur im Innenraum verwendet werden, ansonsten muss es mit Holzschutzmitteln vorbehandelt werden.

Es gibt natürlich noch unzählige andere Holzarten, gerade was den Innenausbau und den Möbelbau angeht (s. S. 168–171). In der Literaturliste findest du hilfreiche Bücher zum Thema Holzbearbeitung.

Ein großer Ast im Holz, wie auf der Abbildung zu sehen, schwächt dein Werkstück an dieser Stelle sehr. Besonders, wenn es ein tragendes Teil werden soll, sollte es nirgendwo so aussehen, sondern möglichst *astrein*, also frei von Ästen sein. Kleinere Äste sind dagegen kein Problem.

Konstruktiver Holzschutz

Auch ohne chemische Substanzen lassen sich mit ein paar einfachen bautechnischen Maßnahmen die bewitterten Teile deines Baumhauses gut schützen.

Hirnholz, also eine quer zur Faser geschnittene Fläche, sollte im Außenbereich nie horizontal montiert werden. Eine kleine Neigung von 5 Grad lässt Wasser schon viel besser abfließen und sorgt so dafür, dass sich dort, wo das Wasser besonders gut eindringen könnte, keine Staunässe bildet. Auch ein kleines Dach über einer horizontalen Hirnholzfläche kann diesen Bereich gut schützen.

Fensterbretter sollten ebenfalls nicht komplett waagerecht gebaut sein, sondern über eine kleine Neigung verfügen, auf der das Wasser nach außen abfließt. Eine kleine Längsnut auf der Unterseite des Fensterbretts als *Tropfkante* sorgt dafür, dass Wasser nach unten abtropft, bevor es zurück Richtung Wand laufen kann und sich dort einen Weg ins Haus sucht.

Ein ausreichender *Dachüberstand* von mindestens 15 cm schützt Fenster und Fassade.

Montiere Steher und Leitern immer mit *Abstand zum Boden*. Durch den Einsatz von Pfostenträgern kannst du einen ausreichenden Abstand von mindestens 15 cm zwischen Erdboden und Bauholz herstellen. Das verhindert die Entstehung von Faulstellen in diesem kritischen Bereich.

Achte auf ausreichende *Hinterlüftung* der Außenschalung, also der Fassade deines Baumhauses. Beim ungedämmten Baumhaus ist das ohne weitere Maßnahmen bereits gewährleistet. Beim gedämmten Baumhaus muss dafür die Außenschalung auf Lattung verlegt werden. Hinter die Lattung ist eine zweite wasserführende Schicht zu verlegen, die das Dämmmaterial vor eintretender Feuchtigkeit schützt.

1.4

Baurechtliche Absicherung

Ob man für ein Baumhaus eine Genehmigung braucht oder nicht, hängt vor allem von seiner Größe und der Art der geplanten Nutzung ab.

Abhängig von Staat und Bundesland gibt es dazu viele verschiedene Regelungen. Für eine verbindliche Antwort auf diese Frage ist es also unerlässlich, dass du dich mit der örtlichen Baubehörde in Verbindung setzt. Handelt es sich um ein ungedämmtes Spielhaus wie das in diesem Buch, reicht es in der Regel, wenn du das Einverständnis deiner Nachbarn einholst.

Die folgenden Punkte gilt es immer zu beachten.

ABSTANDSFLÄCHEN EINHALTEN. Das Baumhaus sollte einen angemessenen Abstand zum benachbarten Grundstück haben. Ist das nicht möglich, gilt je nach gesetzlicher Vorschrift eine maximale Wandhöhe gemessen ab dem Boden. Also zählt auch der Luftraum unter dem Baumhaus. Oft wird dabei auch unterschieden, ob das zu errichtende Gebäude Aufenthaltscharakter hat oder ein reines Spielhäuschen wird.

MAXIMALE GRÖSSE NICHT ÜBERSCHREITEN. In den meisten Orten ist eine Baugenehmigung für Baumhäuser bis zu einer bestimmten Größe nicht erforderlich (auch hier gilt, zu prüfen, ob der leere Raum unter dem Baumhaus eingeschlossen ist). Erkundige dich bei den zuständigen Behörden und/oder recherchiere die Vorschriften im Internet.

NACHBARN FRAGEN. Jeder Nachbar freut sich, wenn er vor einem Bauprojekt um Genehmigung gebeten wird. Ganz besonders dann, wenn ihn dein Baumhaus in irgendeiner Form persönlich betreffen könnte, sei es durch Verbauung der Aussicht oder die Möglichkeit, ihm ins Schlafzimmer zu schauen. Sage deinen Nachbarn also offen, was du vorhast und bitte sie um ihr Einverständnis. Selbst wenn sich dein Baumhaus später rechtlich gesehen in einem Graubereich befindet, hast du die Nachbarn auf deiner Seite und somit bessere Karten, falls es behördliche Einwände gibt. Der Grund für diese sind wiederum meistens die Nachbarn, also kannst du so gut vorsorgen.

DRAUSSEN IN DER NATUR. Hast du vor, dein Baumhaus in der freien Natur zu bauen, also nicht auf Bauland, z. B. auf einem reinen Waldgrundstück, wird es schwierig. In den meisten Fällen ist nichts erlaubt, es sei denn, es existieren an dieser Stelle schon Gebäude. (Nachfragen kannst du aber natürlich immer.)

1.5 Werkzeug

Dieses Kapitel gibt dir eine Übersicht über die Werkzeuge, die du für dein Projekt benötigen wirst, bzw. welche wir für den Bau unseres Baumhauses verwendet haben. Es ist nicht ausgeschlossen, dass du noch ein paar mehr brauchst, das kommt ganz auf deine Pläne an. (Die fett gedruckten Zahlen verweisen auf die Abbildungen.)

Vielleicht findest du das ein oder andere Werkzeug irgendwo gebraucht in gutem Zustand, oft liegen sie bei anderen Leuten lange unbenutzt herum, bevor sie dann doch auf dem Flohmarkt landen. Nachschauen und fragen lohnt sich. Viele der Werkzeuge kannst du dir im Baumarkt oder bei Werkzeugverleihern ausleihen, vielleicht gibt es im Bekanntenkreis ja auch jemanden, der dir für das Projekt sein Werkzeug leiht, wenn er dir dafür beim Bauen helfen darf. Bezugsquellen für Werkzeug findest du auf Seite 171.

1

Sicherheitsausrüstung für alle Beteiligten

Gehörschutz

Schutzbrille

Arbeitshandschuhe, gummiert

Helm

Kletterzeug (Gurt, Seil, etc.)

Erste-Hilfe-Kasten

MATERIAL FÜR DEN BAUMSCHUTZ

Hackschnitzel oder Rindenmulch für den Wurzelschutz

Malervlies o.Ä. als Rindenschutz

Elektrowerkzeug

NOTWENDIG

2-3 Akkuschrauber, möglichst 18V und >4 AmH **1**

Viele Bits, am besten nur mit torx-System arbeiten. Vor allem 15er-, 20er-, 25er-, 30er-, 40er-Größen werden benötigt.

Die richtigen Schrauben findest du auf Seite 21. Keine Kreuzschlitz- oder Schlitzschrauben verwenden, diese Zeiten sind vorbei!

Stichsäge

Kappsäge und Tischkreissäge (gibt es auch beides in Kombination)

Handkreissäge

Motorsäge Akku oder Benzin

(Schlag-)bohrmaschine

Flex **2**

Schwingschleifer (plus Schleifscheiben mit 60er, 80er und 120er Körnung)

Bandschleifer (plus Schleifbänder mit 60er, 80er und 120er Körnung)

GUT, WENN DU'S HAST

Druckluftnagler inkl. Kompressor **5**

Balkenhobel

Schlagschrauber

„Fein" (oszillierende Säge)

Formatkreissäge

Tauchsäge

Oberfräse inkl. div. Fräsköpfe

Distolaser zum Messen von Distanzen

Blechschneider

2

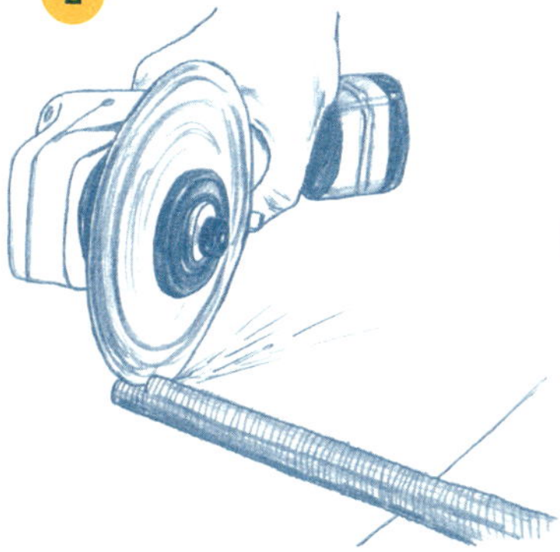

3

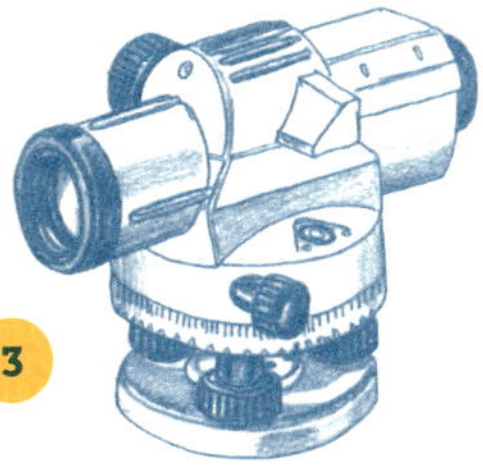

4

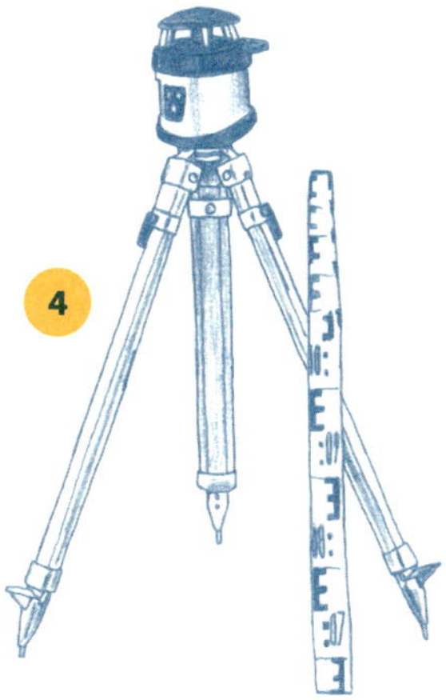

Handwerkzeug

NOTWENDIG

Handsäge, Fuchsschwanz oder Japansäge

Ein Set Stemmeisen inkl. Klüpfel

Zimmererhammer

Handhobel

Umschaltknarre inkl. 46-mm-Nuss

Gummihammer (am besten rückschlagfrei)

Schraubzwingen

Leim (D4 oder PU-Leim)

Hammertacker

Cuttermesser

Blechschere

Wasserfestes Profiklebeband

Steckschlüsselsatz

Quetschzange **6**

Zum Messen

Wasserwaage/n lang und kurz

Maßband 8 m

Zollstock

Zimmermannsbleistifte

Zimmermannswinkel

Alphawinkel

Schreinerwinkel

Zirkel mit Bleistifthalterung

Schmiege

Lot/Senkblei

Schlauchwaage oder Nivelliergerät **3,4**

Zum Graben

Spaten

Schaufel

Spitzhacke

Kelle

Mörtelwanne oder großer Eimer

Rühraufsatz für Bohrmaschine

Baustelleneinrichtung

Leiter/n, Ausziehleiter (mind. 6 m) und Trittleiter

Gerüst

Kabeltrommel/n

Verlängerungskabel

Holzböcke

Arbeitsseile zum Raufziehen von Lasten (Tragkraft min. 300 kg)

Seilrolle/n

Flaschenzüge

Spanngurte

Schubkarre

große stabile Bauplane/n

große Arbeitsfläche (> 2 x 2 m) möglichst überdacht

Zinkspray

Müllsäcke

Straßenbesen

Kehrschaufel und Handfeger

Die wichtigsten Sägemaschinen

Für das Abbinden, also das Zuschneiden der einzelnen Bauteile unseres Baumhauses, sind folgende Sägemaschinen besonders gut geeignet. Davon ausgehend, dass du dein Baumhaus nicht mit Axt, Bügelsäge und Zugmesser bauen willst, sind sie die Mittel deiner Wahl. Dazu jeweils eine kleine Einführung.

KAPPSÄGE

Eine Kappsäge erleichtert dir das Schneiden der vielen Teile eines Baumhauses erheblich, du kannst Winkel direkt einstellen und bekommst immer einen sauberen Schnitt. Der drehbare Sägetisch lässt Gehrungsschnitte in einem Bereich von mindestens -45° bis +45° zu. Auch das Sägeblatt lässt sich meist in beide Richtungen kippen. Manche Kappsägen haben einen integrierten Anschlag auch für lange Werkstücke, sodass sogar das Abmessen und Anzeichnen entfällt. Das Ablängen, also das Schneiden eines Werkstückes auf die gewünschte Länge, meist quer zur Faser, geht mit einer Kappsäge am schnellsten und sehr präzise. Beim Arbeiten mit der Kappsäge nur Werkstücke ab einer Länge

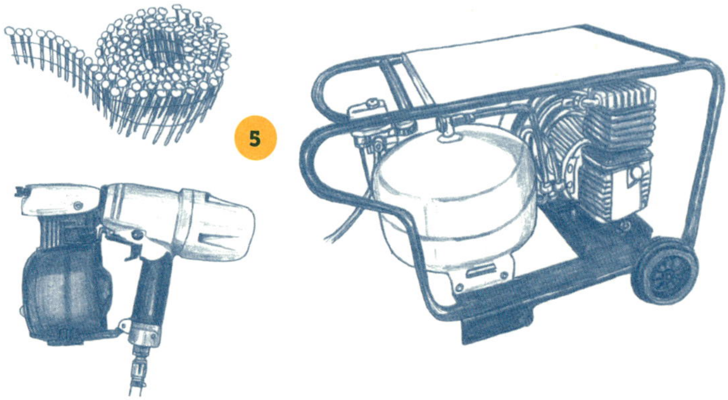

von 15 cm verwenden, damit sie sicher aufliegen und nicht vom schnell rotierenden Sägeblatt weggeschleudert werden können. Das Werkstück immer gut sichern, die Hände dabei mindestens 15 cm vom Sägeblatt entfernt lassen!

FORMATKREISSÄGE ODER TISCHKREISSÄGE

Zum Säumen (so nennen wir in diesem Buch das Schneiden auf die gewünschte Breite, meist längs zur Faser) deines Werkstückes ist eine Formatkreissäge am besten geeignet. Auch Platten lassen sich damit gut schneiden. Die wenigsten werden solch eine Maschine allerdings zur Verfügung haben. Am zweitbesten, und damit immer noch sehr gut, eignet sich für Längsschnitte eine Tischkreissäge. Das Sägeblatt lässt sich bei beiden Maschinen bis 45° neigen und ermöglicht so auch schräge Schnitte. Beim Säumen längerer Werkstücke an der Tischkreissäge sollte man unbedingt zu zweit sein, damit eine/r hinter der Maschine stehen kann, um das Werkstück zu halten und entgegenzunehmen. Beim Arbeiten mit diesen Maschinen das Werkstück nie mit der bloßen Hand am Sägeblatt vorbeischieben, sondern einen Schiebestock verwenden. Dieser sorgt für den notwendigen Abstand vom Sägeblatt zu deiner Hand.

TAUCHSÄGE MIT SCHIENE ODER HANDKREISSÄGE

Das Säumen und Ablängen geht auch mit einer Tauchsäge gut. Beim Baumhausbau eignet sie sich vor allem für das gemeinsame Abschneiden der überstehenden Plattformbretter nach dem Belegen. Auch das Ausschneiden von Fenster- und Türausschnitten sowie alle Längsschnitte gehen mit einer Tauchsäge besonders gut von der Hand. Zwei Punkte anzeichen, Schiene anlegen und losschneiden. Zusätzlich ist es mit einer Tauchsäge möglich, auf dem Werkstück zu beginnen und die Säge eintauchen zu lassen. Das ist z.B. beim Schneiden von Langlöchern sehr nützlich. Die Handkreissäge ohne Tauchfunktion ist die einfachere und damit auch günstigere Variante. Sie ist auch mit Schiene erhältlich und gehört zur Grundausstattung eines jeden Baumhausbauers. Die Sägeblätter beider Sägen lassen sich um bis zu 45° neigen und ermöglichen so auch schräge Schnitte.

⚠ Bei allen Sägen immer auf die Wahl des richtigen Sägeblattes achten, es gibt unterschiedliche für Quer- und Längsschnitte!

6

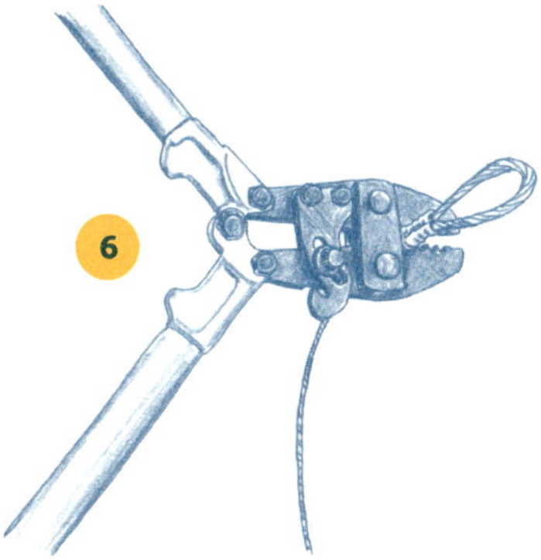

7

8

9

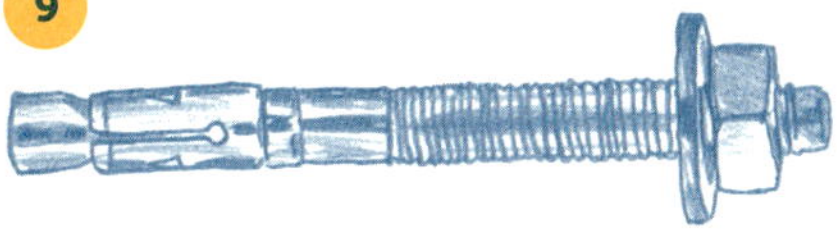

Befestigungsmaterial

HOLZSCHRAUBEN MIT TORX-ANTRIEB **7**

Edelstahlschrauben

3 x 20 mm
4 x 30 mm
4 x 40 mm
4 x 50 mm
5 x 60 mm
5 x 70 mm
6 x 100 mm
6 x 120 mm

Tellerkopfschrauben

6 x 50 mm

Winkelbeschlagschrauben

5 x 50 mm
Spenglerschrauben

Sechskantschrauben

8 x 100 mm oder
10 x 100 mm

Verzinkt

6 x 100 mm
6 x 120 mm
6 x 140 mm
6 x 200 mm
6 x 220 mm
6 x 240 mm

Dielenschrauben

3,2 x 50 mm

Vorreiber

SONSTIGE SCHRAUBEN

Baumschraube „GTS-Allstar"
inkl. Festlager

NÄGEL

Edelstahl

Coilnägel 65 mm

Verzinkt

Coilnägel 65 mm

Dachpappnägel 20 mm

Kammnägel/Ankernägel 50 mm

SCHLOSSSCHRAUBEN/ GEWINDESTANGEN

M6: (140 mm)

M12: (200 mm, 220 mm)

oder M12-Gewindestangen
240 mm **10**

passende Unterlegscheiben
und Muttern

passende Ringmuttern **11**

M10 Expressanker **9**

BOHRER

Holzbohrer-Set 3–12 mm

12-mm-Schlangenbohrer

36-mm-Schlangenbohrer

30-mm-Forstnerbohrer

74-mm-Forstnerbohrer mit
36-mm-Führungszapfen

4-mm-Vorbohrer inkl. Senkkopf

5-mm-Vorbohrer inkl. Senkkopf

6-mm-Vorbohrer inkl. Senkkopf

10-mm-Steinbohrer

ggf. „Bit Holder" **8**

BALKENSCHUHE

110 x 110 mm
60 x 100 mm
60 x 120 mm

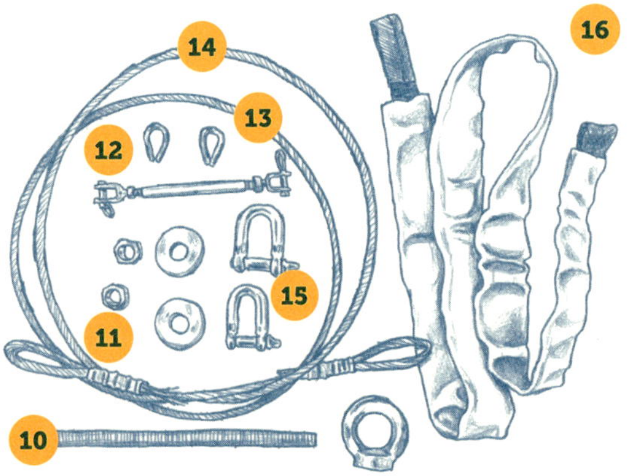

SONSTIGES

12-mm-Holzdübel

Wantenspanner/Spannschlösser Edelstahl **12**

Schäkel Edelstahl **13**

Edelstahlseil 6 mm **14**

Kauschen 6 mm **15**
Bei obigen auf geeignete Traglasten achten!

Gurtschlaufen **16**

Scharniere/Winkelbänder für Tür (und Fenster bei Eigenbau)

L-Pfostenträger

Pfostenträger höhenverstellbar

GRUNDAUSSTATTUNG

Diese Auswahl der oben bereits aufgeführten Werkzeuge solltest du immer parat haben, egal welche Arbeitsschritte anstehen:

Sicherheitsausrüstung (s. S.18)

Zollstock

Maßband 8 m

Bleistift

Cuttermesser

Akkuschrauber

Bit-Set

Holzbohrer-Set 3–12 mm

Vorbohrer mit Senkkopf

Handsäge

Handkreissäge

Zimmererhammer

Schraubzwingen

Leim (D4 oder PU-Leim)

Steckschlüsselsatz

Wasserwaage/n lang und kurz

Schreinerwinkel

Leiter/n, Ausziehleiter (min. 6 m) und Trittleiter

Kabeltrommel/n

Verlängerungskabel

Holzböcke

Arbeitsseile zum Raufziehen von Lasten (Tragkraft min. 300 kg)

Seilrolle/n

Flaschenzüge **17**

große stabile Bauplane/n

Müllsäcke

Straßenbesen

Kehrschaufel und Handfeger

1.6 Material

Hier bekommst du eine praktische Übersicht über das Material, das du für dein Vorhaben brauchst. Größe und Anzahl variieren natürlich je nach Projekt. Du solltest stets hochwertige und umweltverträgliche Materialien oder gut erhaltenes, gebrauchtes Material (wie z.B. Holz, Fenster oder Türen) verwenden. So hast du noch lange Spaß an deinem Gesamtwerk, und dein Gewissen freut sich ebenfalls.

Holz

Bekommst du beim Sägewerk vor Ort oder auch im Baumarkt. Achte darauf, dass die Hölzer auch wirklich die angegebenen Maße haben. Unser Baumhaus wurde mit Konstruktionsvollholz (KVH) geplant und gebaut, darauf beziehen sich auch alle im Buch und im Plan angegebenen Maße. Konstruktionsvollholz bedeutet, dass die Balken und Riegel auf exakte Maße gehobelt sind und eine Holzfeuchte von max. 15 % (+/- 3 %) nicht überschreiten.

32 lfm. Lärchenbalken 11 x 11 cm für die Unterkonstruktion ODER

12 lfm. Lärchenbalken 11 x 11 cm für die alternative Unterkonstruktion mit Robinienstämmen ODER

38 lfm. Lärchenbalken 11 x 11 cm für die alternative Unterkonstruktion mit vier Stehern

42 lfm. Lärchenriegel 6 x 12 cm für Unterkonstruktion und Zwischenboden

2 x 3 m Lärchenriegel 5 x 20 cm für die Schiffsleiter

34 lfm. Lärchenriegel 7 x 7 cm für das Geländer etc.

88 lfm. Lärchenbretter 2 x 14 cm (gehobelt oder ungehobelt) für die Außenschalung

14 lfm. Lärchenbretter 2 x 19 cm gehobelt für die Geländerbretter

48 lfm. Lärchenbretter 2 x 19 cm gehobelt für die Windfänge

84 lfm. Lärchenbretter 2,5 x 19 cm für den Boden und die Geländerbretter

(70 lfm. Lärchenlatten 25 x 45 mm) falls du die Freiräume der Geländer damit bestückst

172 lfm. Fichtenriegel KVH 6 x 6 cm für Wandrahmen, Sparren, etc.

58 lfm. Fichtenriegel KVH 6 x 12 cm für Wandrahmen, Zwischenboden, Pfetten, etc.

Fichtenbretter 20 mm für 13 m^2 Sichtschalung am Dach (Dachlatten 30 x 50 mm) falls du bei der Dacheindeckung mit Lattung arbeiten willst

Nut-und-Feder-Bodendielen 25 mm für 3,5 m^2 Zwischenboden

Bei Wahl der Unterkonstruktion mit Robinienstämmen:

2 Robinien-Rundlinge mit ca. 16–20 cm Durchmesser, ca. 3 m lang

2 Robinien-Rundlinge mit ca. 12–14 cm Durchmesser, ca. 2,5 m lang

Dach

Dachfolie oder Dachpappe

Trapezbleche

Fenster

Alte schöne Fenster vom Flohmarkt oder Kleinanzeigen

Bei Eigenbau: Acrylglas, am besten schlagfest, z.B. Macrolon™

Sonstiges

Schnellbeton (Ruck-Zuck-Beton) oder normaler Beton

Wir haben das hier gezeigte Baumhaus selbst genau so gebaut wie beschrieben. Die Illustrationen zeigen dir die tatsächlichen Schritte unserer Arbeit. Die Texte zu den Illustrationen liefern dir die Informationen, die du brauchst, um diese Arbeitsschritte nachzuvollziehen und an deinem eigenen Vorhaben anzuwenden. Bei der Beschreibung des Ablaufs beziehen wir uns immer auf den Plan, den du dir mit dem QR-Code auf S. 176 herunterladen kannst. Wenn du dein Baumhaus selbst planst, sieh über die angegebenen Maße hinweg und wende nur die dahinterliegende Methode auf dein Projekt an. Da dein Baumhaus dann wahrscheinlich nicht so aussehen wird wie unseres, haben wir in den Kapiteln 3.1, 3.7 und 3.8 noch andere Installationsmethoden beschrieben. Diese kannst du anwenden, wenn sich z. B. dein Baum von unserem im Wuchs unterscheidet, du mehrere Bäume oder keinen Baum zur Verfügung hast.

2

Die Baustelle vorbereiten

2.1 Befestigungsmethoden

Neben der Konstruktion des eigentlichen Baumhauses lernst du in diesem Buch zuerst alles Notwendige über die drei bewährtesten Befestigungsmethoden am Baum.

1. BAUMSCHRAUBE, auch „TAB" genannt (Treehouse Attachment Bolt) zur Befestigung am Baum

2. AUFHÄNGUNG am Baum mit Schlaufenband und Stahlseil

3. ABSTÜTZUNG am Boden mit Stützen auf Punktfundamenten. Diese Methode stellt zwar keine direkte Verbindung zum Baum her, gehört aber dennoch unbedingt dazu, weil sie oft, auch in Kombination mit den anderen Methoden, zur Anwendung kommt.

Ein Baum, mehrere Bäume oder kein Baum?

Kombiniere diese Methoden beliebig miteinander oder verwende auch nur eine davon, ganz wie es bei deinem Baumhaus am sinnvollsten ist. Welche Methode/n du letztlich wählst, hängt zum großen Teil vom Baum oder den Bäumen ab, auf dem/denen du bauen möchtest. Dafür entscheidend sind die Baumart, die Größe, aber auch der Zustand des Baumes oder der Bäume. Im Folgenden gehen wir davon aus, dass die Bäume gesund, vital und grundsätzlich geeignet sind, das Gewicht eines Baumhauses zu tragen.

Lass uns gemeinsam die drei möglichen Szenarien durchgehen, um dir eine Entscheidungshilfe bei der Auswahl der besten Befestigungsmethoden zu geben.

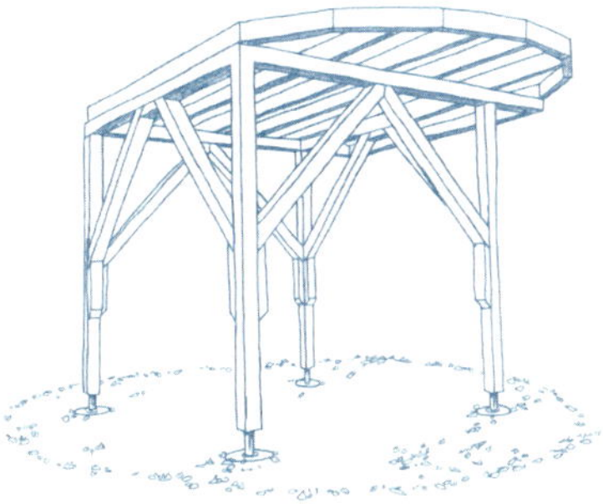

1. KEIN BAUM. Der Fall ist klar. Hier arbeitest du ausschließlich mit Stützen, da kein Baum dein Baumhaus tragen kann. Die Unterkonstruktion im Kapitel 3.7 erklärt die mögliche Vorgehensweise in diesem Fall.

2. EIN BAUM. Ab einem Durchmesser von ca. 50 cm kannst du ihn als alleinigen Träger für dein Baumhaus einsetzen und Baumschrauben für die Befestigung verwenden. Ist der Durchmesser geringer, plane lieber zusätzliche Stützen mit ein. Wenn der Baum geeignete Stellen bietet, an denen du Teile deines Baumhauses zusätzlich aufhängen kannst (Kap. 3.3), kannst du hier diese Methode unterstützend auch anwenden. Passe die Proportionen deines Baumhauses in jedem Fall der Größe deines Baumes an, damit dieser nicht überlastet wird. Mehr zu diesem Thema im Kapitel 2.4.

3. MEHRERE BÄUME. Der Mindestdurchmesser der einzelnen Bäume ist hier etwas kleiner. Ab etwa 40 cm ist der Einsatz der Baumschrauben möglich. Je dicker deine Bäume sind, desto besser, da sie sich mit zunehmender Dicke weniger im Wind bewegen. Zusätzliche Aufhängungen ermöglichen dir längere Auskragungen und die Verteilung des Gewichtes auf mehrere Punkte. Wenn die Anordnung deiner Bäume es erforderlich macht, kannst du auch hier zusätzliche Stützen mit einplanen. Im Kapitel 3.4. zeigen wir, worauf es ankommt.

☞ Der Abstand zwischen deinen Bäumen sollte immer zwischen 3 und maximal 6 Metern betragen. Ein kleinerer Abstand lässt dir kaum noch Platz für einen nutzbaren Raum, da du immer auch einen Dachüberstand und Abstand zum Baum mit einplanen musst. Ein größerer Abstand bedeutet immer auch dickere Balken, die wesentlich schwerer zu tragen und zu installieren sind. Ist der Abstand zwischen zwei Bäumen zu groß, kannst du auch mit zusätzlichen Stützen arbeiten. So kannst du die zu überbrückende Spannweite verringern. Auch wenn du z. B. drei Bäume, angeordnet in einer Reihe, zur Verfügung hast, bieten sie ohne zusätzliche Träger nicht den gestalterischen Spielraum, den drei Bäume, angeordnet in einem gleichmäßigen Dreieck, bieten. Auch hier können zusätzliche Stützen Abhilfe schaffen.

2.2 Baumauswahl

Im Mittelpunkt deines Vorhabens steht der Baum. Ihn gilt es bestmöglich zu schonen und zu schützen, denn schließlich wird er zukünftig dein Baumhaus tragen.

Grundsätzlich ist der Bau eines Baumhauses einfacher, wenn du mehrere Bäume zur Verfügung hast. So bleibt dir mehr Platz und Raum für Gestaltung. Ob du nun keinen, einen oder mehrere Bäume zur Verfügung hast: Wir bleiben im Folgenden zur Vereinfachung bei der Einzahl. Kommen wir also zur Auswahl des geeigneten Baumes.

Die folgenden Informationen helfen dir, einen gesunden Baum von einem geschwächten zu unterscheiden und ihn und seine Bedürfnisse besser zu verstehen. Damit vermeidest du, einen geschwächten Baum zusätzlich zu belasten und ihm zu schaden. So hast du lange Freude an deinem Baumhaus, und der Baum kann so wachsen, wie er das auch ohne deinen Eingriff tun würde. Betrachte deinen infrage kommenden Baum also einmal genauer, besonders im Hinblick auf folgende Fragen:

- Was für ein Baum ist es?
- In welchem Zustand befindet er sich?
- Wie dick ist sein Stamm?
- Sind irgendwo Vogelnester oder Eichhörnchenkobel versteckt? Sind diese bewohnt oder brütet da sogar jemand? Bewohnte Bäume lasse bitte in Ruhe. Du möchtest doch nicht die Hauptmieter verjagen, oder?

Wie gut sich welche Baumart prinzipiell für den Baumhausbau eignet, kannst du unserer Liste auf der Seite gegenüber entnehmen.

Darüber hinaus gibt es viele gute Bücher zum Thema Baumerkennung und Baumgesundheit, die dir bei der Arbeit helfen. Im Anhang dieses Buches findest du dazu weiterführende Literaturtipps. Außerdem können dir Apps wie z. B. *iNaturalist* und *PlantNet* bei der Bestimmung sehr hilfreich sein.

Gehe um deinen Baum herum, klettere mithilfe einer Leiter hinauf und untersuche den Baum gründlich, bevor du ihn mit deinem Baumhaus beehrst. Betrachte seine Rinde und Äste. Schaue nach Rissen oder Hohlräumen im Stamm, faulen oder feuchten Stellen oder anderen Auffälligkeiten. Ist seine Krone groß und üppig? Oder wurde er eventuell einmal radikal beschnitten? Steht er auffällig geneigt? Hat er einen Zwiesel (siehe Abb. gegenüber)? Dann sieh nach, ob es ein U- oder ein V-Zwiesel ist. Falls Letzterer, sollte er sauber verwachsen sein und keine Furche gebildet haben, die auf einen Rindeneinschluss hindeuten würde. Ein solcher kann die Stabilität des Zwiesels beeinträchtigen und etwa bei starkem Wind eine Sollbruchstelle bilden.

Sind in der Krone viele abgestorbene Äste, kann das ein Hinweis auf eine Krankheit sein. Das lässt sich im Sommer natürlich leichter feststellen als im Winter, wenn die Äste deines Laubbaumes alle Blätter abgeworfen haben. Bruchstellen und Rindenschäden an den betreffenden Ästen weisen aber unabhängig von der Jahreszeit zuverlässig auf Totholz und/oder Windbruch hin. Handelt es sich bei deinem Baum um eine Eiche, kann der sogenannte Eichenprozessionsspinner eine Gefahr für dich und den Baum darstellen. Kontrolliere den Baum auf Befall. Sind silbrig schimmernde Nester zu sehen, lasse unbedingt einen Fachmann kommen, um die Raupen zu entfernen. Die Nesselhaare dieses Insekts können heftige allergische Reaktionen auslösen. Die Raupe kann bei starkem Befall deinen ganzen Baum kahlfressen und ihn dauerhaft schädigen.

Hast du ein ungutes Gefühl, weil dir Punkte aus unserer Aufzählung an deinem Baum begegnet sind? Dann suche dir, wenn möglich, lieber einen anderen Baum. Oder baue mit Stützen. Im Zweifel ziehe ein Baumgutachten heran. Auf der Seite baumpflege-portal.de findest du entsprechende Fachfirmen in

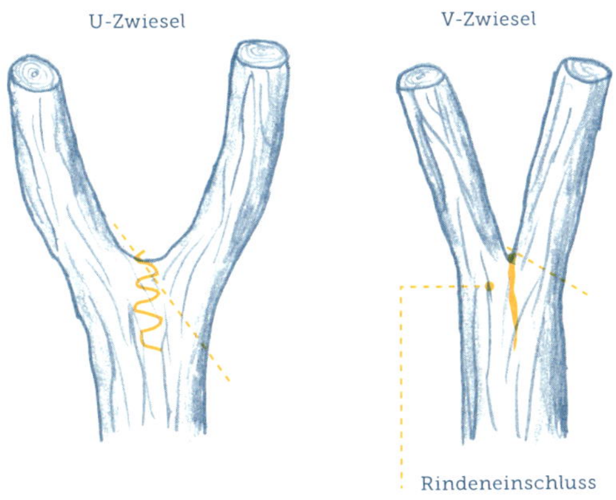

Deutschland, aber auch interessante Artikel rund um den Baum. Eine visuelle Untersuchung durch Laien kann einem zwar ein gutes Gefühl geben und mag in vielen Fällen ausreichend sein, ersetzt aber nicht die eingehende Untersuchung durch einen Profi. Baumpfleger*innen findest du im Internet, in Deutschland z.B. über die Website des Baumpflegeverbands www.baumpflegeverband.de oder in der Schweiz über das Portal www.baumpflege-schweiz.ch.

HINWEISE AUF EINEN GEEIGNETEN BAUM

- Ein aufrechter, gesunder Wuchs
- Eine üppige, große Krone
- U-Zwiesel
- V-Zwiesel ohne Rindeneinschluss, also gut verwachsen
- Viele Äste mit Blättern an jedem Zweig oder Knospen im Winter

HINWEISE AUF EINEN GESCHWÄCHTEN BAUM

- Risse im Stamm oder in den Ästen
- Hohlräume im Stamm oder in den Ästen
- Dauerhaft feuchte Stellen
- Eine stark zurückgeschnittene Krone
- V-Zwiesel mit Rindeneinschluss
- Auffällige Schrägstellung des gesamten Baumes
- Viel Totholz, also abgestorbene Äste
- Mehrere noch nicht verheilte Bruchstellen
- Festgetretene Erde rund um den Baum und freiliegende Wurzeln

Welche Baumart sich generell besser für den Baumhausbau eignet und welche eher nicht, zeigt das Diagramm unten. Es dient dem Vergleich der Baumarten und unterliegt, wie dessen Ausgangswerte, einer natürlichen Streuung. Bei Baumarten am unteren Ende der Skala, wie z.B. Weide und Espe, sollte der Baum auf jeden Fall eingehend untersucht werden, bevor du ein Baumhaus hineinbaust. Baumarten weiter oben – von Buche bis Birke – sind theoretisch gut als Trägerbäume geeignet. Ein wichtiger Faktor bei der Beurteilung der Eignung eines Baumes für den Baumhausbau ist seine Art im Umgang mit Verletzungen. Spezifischer: die Fähigkeit zur Kompartimentierung (s. S. 30).

EIGNUNG ZUM BAUMHAUSBAU (GUT → WENIG)

GUT

Buche/Rotbuche
Hainbuche/Weißbuche
Eiche/Roteiche
Linde
Lärche
Ahorn /Bergahorn
Kiefer
Esche
Platane
Edelkastanie
Robinie
Walnuss
Tanne
Birke
Ulme
Erle/Roterle
Kirsche
Zeder
Birne
Fichte
Pappel/Schwarzpappel
Rosskastanie
Espe/Zitterpappel
Weide

WENIG

(Quelle: Bachelorarbeit von Vitus Wahlländer, 2015)

Kinder können schon zu Beginn aktiv werden. Anfangs kannst du sie mit Büchern aus unserer Literaturliste (s. S. 170) dem Alter entsprechend einstimmen, ob mit einer schönen Geschichte oder einem spannenden Sachbuch. Lasse sie z. B. mit einem Baumbestimmungsbuch losziehen und einen geeigneten Baum wählen. Danach können sie ihn vermessen, je nach Können auch hinaufklettern. Beziehe sie in die Ideenfindung mit ein und malt euch gemeinsam euer Traumbaumhaus aus.

2.3 Kompartimentierung

Gehen wir gemeinsam ein paar Schritte zurück. Wir betrachten den Baum und beleuchten dabei die besonders wichtige Eigenschaft dieses faszinierenden Lebewesens näher: die Kompartimentierung, oder die Fähigkeit zur Abschottung von Wunden.

Diese hat auf den Bau deines Baumhauses maßgeblichen Einfluss. Es gibt natürlich unendlich viel mehr Wissenswertes über den Baum zu erzählen als diese eine Eigenschaft (siehe Literaturliste S. 168). Wir konzentrieren uns hier jedoch auf das Wesentliche, damit du bald loslegen kannst.

Schon seit Jahrmillionen wachsen Bäume auf unserem Planeten und passen sich an ihre Umweltbedingungen an. In dieser Zeit haben sie verschiedene Strategien entwickelt, um sich gegen konkurrierende Bäume durchzusetzen. Manche wachsen schnell und haben ein kurzes Leben, bevor der Zerfall einsetzt. Diese Bäume stecken ihre Energie in schnelles Wachstum und achten weniger darauf, Fäulniserreger abzuwehren oder robuste Strukturen zu bilden. Ähnlich wie der sagenhafte Feldhase konzentrieren sie sich darauf, so schnell wie möglich ihr Saatgut zu verbreiten. Zu diesen Bäumen gehören z. B. die Weide, die Fichte oder die Pappel. Auf der anderen Seite gibt es Bäume, die langsamer wachsen und mehr Energie dafür aufwenden, Fäulnis abzuwehren. Sie bilden eine lange haltbare Struktur. Diese Sorte Baum ist die, nach der du Ausschau halten solltest. Eichen, Buchen, Linden oder Lärchen gehören z. B. zu dieser Gruppe.

Jedes Mal, wenn du einen Baum für ein tragendes Element anbohrst, verwundest du ihn. Das Gefäßsystem des Baumes (Phloem und Xylem), das sich mit dem Kambium gleich hinter der Rinde befindet, wird durch dein Bohrloch unterbrochen. Hier ist es wichtig zu wissen, dass der Baum mit solch einer punktuellen Unterbrechung viel besser umgehen kann als mit einer breitflächigen, beispielsweise durch Manschetten oder Seile um den Baum. Die Nährstoffversorgung kann um die punktuelle Unterbrechung herumfließen, was bei einer breitflächigen Unterbrechung nicht so gut möglich ist. Der Baum reagiert nun auf diese Wunde, indem er den betroffenen Bereich unter Quarantäne stellt. Er kompartimentiert und verhindert damit die Entstehung von Fäulnis. Bäume, die das gut können, also diejenigen mit natürlicher Fäulnisbeständigkeit, sind dadurch generell die bessere Wahl für dein Baumhaus.

Bäume, die Wunden nicht gut abschotten können, tendieren dazu, Fäulnis entlang der Wunden zu erzeugen. Zum Beispiel dort, wo dein Träger mit dem Baum verbunden ist, was absolut unzweckmäßig wäre. Oder sie bilden Hohlräume, die durch Fäulnis hervorgerufen werden. Diese reduzieren ebenfalls die Lebensdauer deines Baumhauses.

In jedem Fall solltest du immer so wenige Schrauben wie möglich einsetzen, um den Baum nicht unnötig zu belasten. Am besten eignen sich dafür die im Buch beschriebenen „GTS-Allstar"-Schrauben, die speziell für den Baumhausbau entwickelt worden sind. Sie helfen dem Baum durch verschiedene Details in der Formgebung, die Wunde schnell, sauber und dicht zu verschließen. Die zusätzliche Last deines Baumhauses wird der Baum durch die Bildung von Reaktionsholz im belasteten Bereich unter der Schraube mit der Zeit adaptieren und sie so wie einen zusätzlichen Ast in sein System integrieren. Die Schraube mag zwar brutal und verletzend aussehen, bewirkt jedoch das Gegenteil und ist meist das Mittel der Wahl, wenn du deinen Baum so schonend wie möglich behandeln willst.

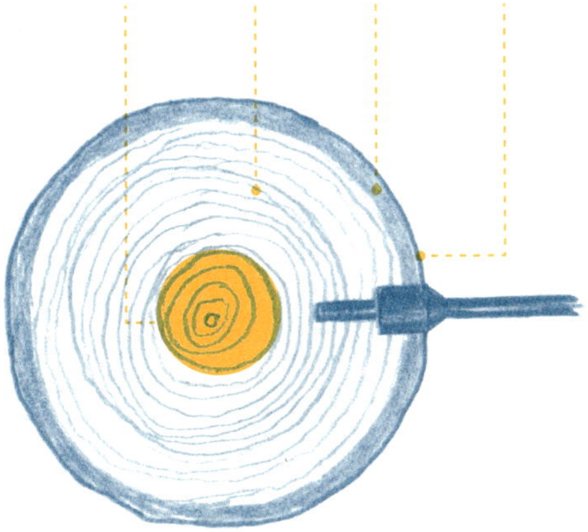

Die Bauphase ist diejenige, in der du deinen Baum am ehesten verletzen wirst. Das Erste, woran du denken solltest, ist, dass Bäume mit einer viel größeren Zeitspanne arbeiten als wir. Das bedeutet, dass ein Umstand, der heute den Baum stresst oder verletzt, sich vielleicht jahrelang nicht in seiner Gesundheit bemerkbar macht. Aber wenn dann Jahre später doch eine Beeinträchtigung erkannt wird, ist es oft schon zu spät. Nimm dir folgende Hinweise bitte zu Herzen, um den Baum als wichtigsten Teil deines Baumhauses zu schützen. Du bist als Baumhausbauer*in mitverantwortlich für sein Wohlergehen. Seine Gesundheit sollte ab jetzt immer an erster Stelle stehen. Dicht gefolgt von deiner eigenen und der deiner Helfer*innen natürlich.

☞ Jede Wunde ist ein potenzieller Eintrittspunkt für Fäulnis und Schädlinge. Daher bohre lieber wenige größere, mit einem TAB nachher gut verschlossene Löcher als mehrere kleine, aber schlecht verschlossene Löcher.

Baumgesundheit

SCHÜTZE DIE WURZELN

Diese verborgenen Teile sind für die Baumgesundheit am wichtigsten. Bedenke: Viele Arten werden, wenn du einen Baum fällst, wieder vom Baumstumpf aus austreiben und weiterleben. Aber wenn du den gefällten Baum nimmst und neu einpflanzt, wird er sehr schnell sterben. Warum? Weil ihm die Wurzeln fehlen, die das Leben des Baumes mit Wasser und Nährstoffen ermöglichen und in denen Zucker und Stärke für den späteren Gebrauch gespeichert werden. Schütze die Wurzeln! So ist es sehr viel wahrscheinlicher, dass dein Baum das Baumhaus überleben wird.

Achte darauf, die Erde um deinen Baum nicht zu sehr zu verdichten, um ihm die Aufnahme von Nährstoffen, Wasser und Sauerstoff nicht zu erschweren. Bevor du also mit der Konstruktion startest, verteile großzügig Holzhackschnitzel bzw. Rindenmulch um den Fuß des Baumes und überall dort, wo eine Zugangsstelle zum Baumstamm sein wird. 10–15 cm hoch darf die Schicht schon sein. Zusätzlich zur besseren Druckverteilung bietest du so dem Erdreich kompostierbares Material, sodass der Baum ein paar Extra-Nährstoffe bekommt. Um das Gewicht von Menschen und Material noch besser zu verteilen, kannst du zusätzlich Sperrholzplatten auf den Mulch bzw. die Hackschnitzel legen.

Wenn du beim Graben der Fundamente auf Wurzeln stößt, die dicker sind als dein Daumen, hacke sie nicht einfach durch. Grabe lieber um sie herum, auch wenn das bedeutet, dass du mit den Händen graben musst. Wenn du das Fundament gießt, umwickle die Wurzel vorher mit etwas Schaumstoff oder packe sie in ein der Länge nach geschlitztes Rohr. So kann sie weiterwachsen und den Baum mit Nährstoffen versorgen.

Das sind die wichtigsten Details für die Gesundheit der Wurzeln deines Baumes. Wenn du die Wurzeln nicht schützt, hast du am Ende ein wunderbares Baumhaus in einem gestressten Baum. Im extremen Fall würde das zum Tod des Baumes führen oder zumindest zu einer sehr langen Erholungszeit.

☞ Die Vorgehensweise, Baumhäuser ohne Schrauben im Baum zu bauen, indem man sie mittels einer Balkenklemme um den Stamm befestigt oder Tragbalken in Astgabeln legt, mit der Intention, ihn auf diese Weise nicht zu verletzen, geht meist nach hinten los. Die Klemme schnürt den Baum mit der Zeit ein, und der Balken in der Astgabel scheuert die Rinde weg. Beides fügt dem Baum erheblichen Schaden zu und öffnet die Pforten für Fäulnis und Schädlinge. Sauber installierte TABs und zusätzliche, gut platzierte Aufhängungen mit breiten Schlaufenbändern sind in jedem Fall vorzuziehen.

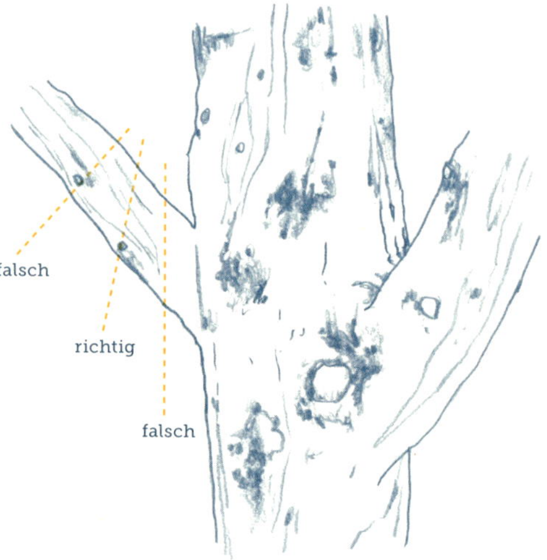

UMHÜLLE DIE RINDE

Die Kambiumschicht (inkl. Phloem und Xylem) ist die Lebensversicherung des Baumes. Sie verbindet jede Wurzel mit jedem Blatt und jedem dazwischenliegenden Stammgewebe. Wird diese Verbindung beeinträchtigt, wird der Baum in seiner Entwicklung gestört. Das bedeutet, dass du dem Baum nur so viele Bohrungen wie nötig zumuten solltest. Für die Gesundheit des Baumes ist in dem Fall weniger mehr. Wenn du deine Konstruktion montierst, achte darauf, dass du dabei die Rinde nicht verletzt. Umhülle den Stamm und/oder die Äste z. B. mit dickem Stoff, um die Rinde vor Verletzungen durch Maschinen oder Baumaterial zu schützen.

ENTFERNE SO WENIGE ÄSTE WIE MÖGLICH

Blätter sind die Nahrungsproduzenten der Bäume. Jedes Mal, wenn du einen Ast entfernst, entfernst du einen Teil seiner Nährstoffquellen. Weil du ja schon ein ordentliches Gewicht in den Baum hängst, der Rinde Wunden zufügst und ein paar Äste entfernen wirst, braucht der Baum jede Energie, die er produzieren kann, um verwundete Stellen zu stärken, Fäulnis zu bekämpfen und seine Fähigkeit zu unterstützen, solch eine neue und plötzliche Last in seiner Krone zu tragen. Wende deshalb die richtige Schnitttechnik an, wenn du Äste entfernen musst. Die entstehende Schnittfläche sollte erstens so klein wie möglich sein, damit der Baum die Stelle schnellstmöglich umwachsen kann. Zweitens sollte der Schnitt knapp oberhalb des Astringes ausgeführt werden. So kann der Baum am besten mit der Wunde umgehen. Bei größeren Ästen schrittweise vorgehen und den Ast nicht auf einmal abschneiden. Im Abstand von ca. 40 cm von der eigentlichen Schnittstelle beginnen und den verbleibenden Stumpf dann am Astring absägen. So vermeidest du, dass der Ast unkontrolliert bricht und Schäden am Baum hinterlässt.

LASSE DEM BAUM PLATZ, SICH ZU BEWEGEN UND ZU WACHSEN

Bäume wiegen sich im Wind und werden von Jahr zu Jahr kräftiger. Jedes Jahr produzieren sie neue Wachstumsringe und dehnen sich strahlenförmig aus. Lasse deinem Baum dafür genug Platz. Je höher du baust, desto mehr Bewegung wird bei Wind um dein Baumhaus herum sein. Deswegen rechne vom Baum ca. 10 cm Abstand zu tragenden Balken und mindestens 20 cm Abstand zum Dach mit ein. Je mehr, desto besser. Wenn der Baum wächst und doch eines Tages mit deiner Konstruktion in Berührung kommt, kannst du so dein Baumhaus entsprechend anpassen, um das Baumwachstum zu ermöglichen. Ansonsten wird der Baum langsam die Standfestigkeit deiner Konstruktion beeinträchtigen, indem er die Struktur auseinanderschiebt, oder deine Konstruktion wird dem Baum Schaden zufügen. Noch wahrscheinlicher: beides.

Bist du soweit glücklich mit deinem Baum und möchtest jetzt endlich anfangen? Das können wir gut verstehen. Du siehst ja, der Baum gibt schon ziemlich viel vor. Wenn du aufmerksam bist, zeigt er dir, wie er sich dein Baumhaus vorstellt, damit es am besten passt, er lange gesund bleibt und es zuverlässig in der Höhe hält. Wenn du gut auf ihn hörst und gemeinsam mit ihm dein Baumhaus entwirfst, vermeidest du viele Fehler von vornherein.

2.4

Das Baumhaus positionieren

Für unser Baumhaus haben wir einen dreistämmigen Walnussbaum gewählt. Dieser ist ca. 80 Jahre alt und etwa 12 m hoch. Von ihm hat man einen schönen Blick sowohl in den Garten und auf das Wohnhaus als auch über die Grundstücksgrenze hinaus in die Felder und Wiesen der Umgebung.

Einen knappen Meter über dem Boden hat er zwei V-Zwiesel. Hier ist also Vorsicht geboten. Um den Baum nicht unnötig zu belasten, haben wir uns daher für eine Konstruktion am Baum mit zusätzlichen Stützen entschieden.

Wenn du dich für einen Baum entschieden hast, klettere hinauf, wenn nötig mit einer Leiter. Miss die Abstände der Äste und/oder Stämme, zwischen denen du dein Baumhaus bauen möchtest. Dann ermittle die Strecke zwischen Erdboden und großen Ästen und den/die Durchmesser des Stammes/der Stämme. Es kommt nicht auf die Millimeter an, sondern darum, dass du ein besseres Gefühl für die Platzverhältnisse da oben bekommst. Schau, wie viel Platz nach oben vorhanden ist und welche Äste (so wenige wie möglich!) weggeschnitten werden müssen. Achte dabei wie erwähnt auf die richtige Schnitttechnik, damit dem Baum kein unnötiger Schaden zugefügt wird. Betrachte den Baum von allen Seiten. Plane hierfür viel Zeit ein. Schließlich geht es um die perfekte Lage deines Baumhauses. Vielleicht geht so der ein oder andere Wunsch flöten. Andere Möglichkeiten tun sich dafür auf: Die große Badewanne weicht einer gemütlichen Leseecke, aus der Wendeltreppe wird eine Leiter zur Bodenluke …

Hast du mehrere Bäume, markiere ihre Abstände zueinander auf einem Lageplan. Versieh diesen zusätzlich mit den wichtigsten Maßen, wie den Durchmessern der Bäume und Lage sowie Höhe von eventuell störenden Ästen über dem Boden. Stehen die Bäume geneigt? Vermerke dies unbedingt. Auch in welche Richtung sie sich neigen und wie stark, sonst hast du weiter oben ggf. nicht mehr genug Platz zwischen den Bäumen.

Erstelle eine Skizze vom Baum, am besten von allen vier Seiten und von oben. Merkst du schon, wie du den Baum immer besser kennenlernst und die Gestalt des Baumhauses vor deinem inneren Auge immer deutlicher zu sehen ist? Mache dir Kopien deiner Baumskizze und zeichne verschiedene Varianten des Baumhauses dort ein, probiere Ideen aus, verwirf diese wieder und lasse sie irgendwann zu einem konkreten Plan werden. Gerne kannst du dich auch auf unserer Seite www.baumbaron.de inspirieren lassen, hier findest du einige der von uns gebauten Baumhäuser. Oder wirf einen Blick in unsere Literaturliste.

Frage und überprüfe: Wo können Balken abgehängt werden? Ist der Stamm dick genug für eine Baumschraube? 40 cm Durchmesser sollten es mindestens sein. Vielleicht möchtest du dein Baumhaus möglichst weit oben bauen? Behalte dabei im Hinterkopf, dass es inklusive Unterkonstruktion, Plattform, Wänden und Dachaufbau bereits hoch genug sein wird. Installiere den oder die Tragbalken also nicht zu hoch, damit das ganze Baumhaus nachher auch reinpasst. Im Unterkapitel „Vermessen" auf Seite 38 findest du weitere Tipps zur Vorgehensweise.

☞ Als Grundregel gilt:
Je niedriger das Baumhaus am Baum befestigt ist, desto größer kann es sein.

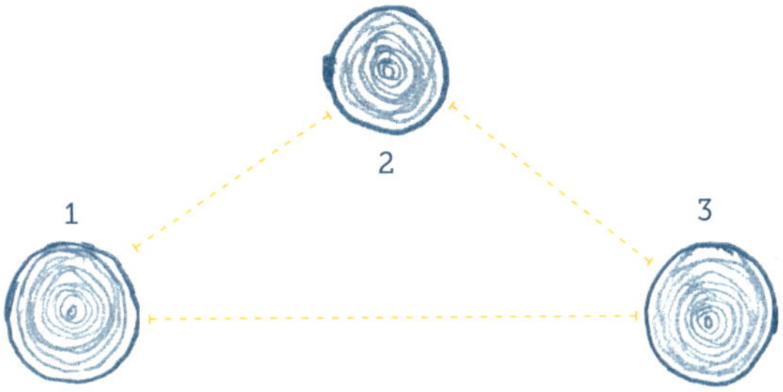

WICHTIGE FRAGEN ZUR POSITIONIERUNG DEINES BAUMHAUSES

- Wo genau soll das Baumhaus stehen?
- Wo wäre die beste Position für die Eingangstür und auch den Aufgang?
- Ab welcher Höhe gibt es einen besonders schönen Ausblick? Den Blick auf die Berge, eine Sehenswürdigkeit, das Meer, den Sonnenuntergang?
- In welche Richtung soll der Balkon schauen?
- Wie ist der Sonnenverlauf?
- Wo ist die dominante Wind- und Wetterrichtung, d.h. wie stark wird mein Baumhaus den Elementen ausgesetzt?
- Ist die Verwendung von Baumschrauben möglich?
- Kann ich das Baumhaus irgendwo aufhängen?
- Ist es möglich, mit zusätzlichen Stützen zu arbeiten, falls nötig?

WICHTIGE FRAGEN ZUR GESTALTUNG DEINES BAUMHAUSES

- Was ist der primäre Nutzen? Kinderspielhaus, Schlafplatz, Yogaraum, Pub, Sauna, Büro, Kreativraum?
- Wer wird das Baumhaus vor allem nutzen? Kinder, Erwachsene, die Großeltern, Freunde, Gäste, Hunde, Katzen?
- Wie viele Personen sollten sich maximal darin aufhalten können?
- Wie soll es ausgestattet sein? Couch, Bett, Tisch, Dusche und WC?
- Soll es ein Baumhaus für alle Jahreszeiten sein?

Einige Antworten, die du auf diese Fragen finden wirst, bedingen wieder andere Punkte, wie z.B. die gewünschte Nutzung und die daraus resultierende Größe deines Baumhauses. Möchtest du z. B. zwei Doppelbetten, Dusche und WC und einen großen Tisch mit Stühlen unterbringen, wird es so groß, dass du nicht mehr in allzu großer Höhe bauen solltest. Eine bedeutende Rolle bei der Dimensionierung deines Baumhauses spielt nämlich nicht zuletzt die horizontale Windlast, denn die Wände deines Baumhauses wirken im Baum wie ein Segel. Je näher am Boden du baust, desto kleiner sind zu erwartende Windgeschwindigkeiten und der daraus resultierende Hebelarm.

Nützliche Informationen zur Statik eines Baumhauses findest du auf der Website: www.thetreehouse.shop/baumhaus-bauen/baumhaus-gewicht-belastung-statik

PUNKTE, DIE DU BEIM PLANEN DES EIGENEN BAUMHAUSES AUSSERDEM BEACHTEN SOLLTEST

Passe die Mindestwandhöhe den späteren Nutzern an. Das bedeutet >150 cm für Kinder und >180 cm für Erwachsene. Außer im Schlafloft, da sind etwa 100 cm ausreichend. Die Hauptsache ist, dass man dort oben aufrecht sitzen kann.

Plane den *Dachüberstand* von Anfang an mit ein, wenn es darum geht, genügend Abstand zum Baum einzuhalten. >20 cm sollten es unbedingt sein. Je mehr, desto besser. Starker Wind bringt deinen Baum zum Schwanken. Wenn der Abstand zu gering ist, kommt es schnell zu Schäden, sowohl am Baum als auch an deinem Baumhaus.

Beachte bei der Festlegung der *Plattformgröße*, dass nicht nur das Baumhaus, sondern wahrscheinlich auch ein Balkon und Laufwege Platz haben sollen. Der Balkon sollte mindestens 100 cm tief sein, lieber mehr. Für Laufwege rund um dein Baumhaus solltest du mindestens 60 cm einplanen. So kannst du dort bequem entlanggehen.

Der *Grundriss* deines Baumhauses soll später Platz für all deine Wünsche haben. Beachte also die Abmessungen der Ausstattung, die später hinein soll: Bett, Tisch, Couch, usw.

Informiere dich auch über die *Abmessungen bestimmter Werkstoffe* und Bauteile, die du verwenden möchtest. Trapezbleche für deine Dacheindeckung sind z. B. im Baumarkt in verschieden großen Platten erhältlich. Wenn du dein Dach entsprechend planst, kannst du an Verschnitt und somit an Arbeit und Kosten sparen. Dämmplatten haben eine genormte Breite von 62,5 cm, auf die du bei der Planung der Wände Rücksicht nehmen kannst.

Vermeide den Einsatz schwerer *Materialien* wie Steinplatten und Stahlteile, aber auch größerer Mengen schwerer Hölzer wie Eiche.

Planung und Dimensionierung von tragenden Balken

Bei der Dimensionierung der Tragbalken deiner Unterkonstruktion gilt folgende Faustregel: *Balkenlänge (cm) ÷ 20 = Mindestbalkenhöhe (cm).* Im Zweifel lieber dicker! Wenn dein Balken also 400 cm lang ist, sollte er mindestens 20 cm hoch sein. (*Balkenlänge 400 cm ÷ 20 = Balkenhöhe 20 cm*). (siehe Abb. unten). Liegen mehrere Balken nebeneinander, z. B. bei deiner Plattform, und das Gewicht deines Baumhauses verteilt sich auf diese Balken, können die einzelnen Balken wieder etwas weniger hoch sein.

Stützen sollten nicht länger als 3 m sein, das mindert die Knickgefahr.

Wenn dein Balken am Ende auskragt, also über sein Auflager hinausschaut, achte darauf, dass diese Auskragung nicht zu lang wird, wenn das auskragende Ende später noch belastet werden soll. Die Zeichnung unten zeigt dir, um wie viel dein Balken bei welcher Balkenhöhe ungefähr überstehen darf. Je höher der Balken ist, desto länger kannst du ihn auskragen lassen. (Zugrundeliegende Werte: Lärchenholz mit 93 N/qm Biegefestigkeit, 300 kg Punktlast, Sicherheitsfaktor 2,5)

Wenn du weißt, wie dein Baumhaus aussehen soll, wo und in welcher Höhe es stehen und mit was es ausgestattet werden soll, kann es endlich losgehen. Du hast einen Plan vor dir liegen, entweder selbst gezeichnet oder unseren. Aus diesem Plan wird in den nächsten Wochen dein Baumhaus. Den Anfang machen:

1. eine stabile *Unterkonstruktion*, auf der dann
2. die *Plattform* befestigt wird. Diese wird mit
3. *Bodenbrettern* belegt, darauf werden die
4. *Wände* aufgestellt. Darüber wird anschließend
5. das *Dach* dichtgemacht. Dann werden
6. *Türen und Fenster* eingebaut, schon ist's gemütlich. Drumherum noch
7. ein *Geländer* aufstellen, damit niemand herunterfällt und
8. einen *Auf- und Abstieg* montieren.
9. Fehlt nur noch die *Inneneinrichtung*. Dann Kissen rein, Buch aufschlagen, Getränk und Kekse schnappen, fertig!
10. *Besonderheiten* wie eine Feuerwehr-Rutschstange oder ein Kletternetz sind das Sahnehäubchen auf deinem Baumkuchen.

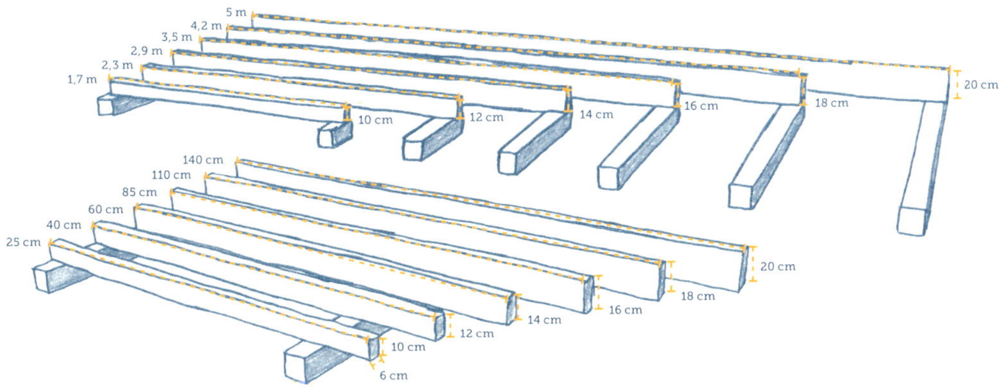

Die Wahl eines breiteren Balkens hat bei weitem nicht die Auswirkung auf die mögliche Auskragung wie die Wahl eines höheren Balkens.

Baumhausbau ist Leichtbau! Bedenke: Je höher und/oder größer du baust, desto aufwendiger in puncto Zeit, Budget und Mannstärke wird dein Projekt. Balken, Bretter, Wände, Fenster, Türen, Dachteile – alles bis zur kleinsten Schraube muss irgendwann auf den Baum. Wie bekommst du das Material da hinauf? Welches Hilfsmaterial brauchst du dafür? Wie viele Leute müsst ihr dafür sein? Wie hoch ist später deine Leiter und in welcher Höhe fühlen sich die zukünftigen Baumhausbewohner noch sicher?

Widmen wir uns nun dem Fundament deines Baumhauses. Neben einem gesunden Baum ist eine stabile Unterkonstruktion das wichtigste Element. Hier ist größtmögliche Präzision gefragt, da von der Unterkonstruktion die Lebensdauer deines Baumhauses abhängt. Tragende Balken lassen sich später nicht so leicht austauschen, wie das etwa bei Plattformbrettern der Fall ist. Gönne dir also für den wichtigsten Schritt viel Zeit und Ruhe und prüfe deinen Plan und die Bemessungen lieber dreimal mehr als einmal zu wenig.

3

Die Unterkonstruktion

3.1

Unterkonstruktion mit Lärchenstehern

Wenn du ohne Stützen bauen möchtest, fängst du mit dem Vermessen des Baumes an. Dann machst du weiter wie in den Kapiteln 3.2 bzw. 3.3 beschrieben. Schließlich müssen die ersten Tragbalken irgendwo hängen oder aufliegen. Weitere wichtige Informationen findest du in Kapitel 3.8.

Hast du jedoch einen oder mehrere Bäume und möchtest mit zusätzlichen Stützen arbeiten? Dann beginne ebenfalls mit dem Vermessen, dem Setzen der Baumschraube/n und der Aufhängung. Der Baum sollte bestimmen, auf welcher Höhe das Baumhaus gebaut wird. Die Länge der Stützen kannst du später anpassen. Achte darauf, dass an der Stelle, wo später eine Stütze stehen soll, keine große Wurzel verläuft. Nimm also vorsichtige Testgrabungen vor. Sonst bekommst du beim Graben der Fundamentlöcher ein Problem. Je näher du am Baum gräbst, desto wahrscheinlicher begegnest du einer großen Wurzel.

Nachdem du dir überlegt hast, wo und auf welcher Höhe dein Baumhaus stehen soll, kann es losgehen. Dein Ziel heute ist: die genaue Position des ersten Tragbalkens deiner Unterkonstruktion am Baum ermitteln und diesen dort installieren.

WERKZEUG

- Grundausstattung (s. S. 22)
- Lot
- 6 x 120 mm-Schrauben
- evtl. Spanngurt

MATERIAL

- Hackschnitzel oder Rindenmulch
- Brett in der Länge deines späteren Tragbalkens
- Dickes Tuch als Rindenschutz

Auch hier haben Kinder viel zu tun. So können sie beim Messen, Anzeichnen und Fundamente graben helfen und dir zuarbeiten. Dazu gibt es viele Gelegenheiten, auf den Baum zu klettern, aber auch Zeit für eigene Projekte. Anregungen dazu findest du in unserer Literaturliste.

Vermessen

Eine Herausforderung beim Baumhausbauen ist es, die geometrische Form eines Baumhauses in eine organisch gewachsene Umgebung zu integrieren. Mit anderen Worten: ein Baum ist, besonders ohne professionelle technische Hilfsmittel, nicht so einfach zu vermessen. Die nachfolgend dargestellte Methode ist nur eine von vielen möglichen Herangehensweisen. Je nach individueller Situation ist vielleicht eine andere für dich einfacher oder zielführender.

Auf der Baustelle

Zuallererst schütze die Wurzeln, indem du rund um den Baum, ungefähr so weit wie die Krone reicht, Hackschnitzel oder Rindenmulch in mindestens 5–10 cm Höhe aufschüttest. Wenn du sicherstellen möchtest, dass der Rinde nichts passiert, umhülle sie mit einem dicken Tuch. Nimm dieses, wenn du längere Zeit nicht mehr am Baumhaus arbeitest, wieder ab, vor allem wenn es in der Zwischenzeit regnet.

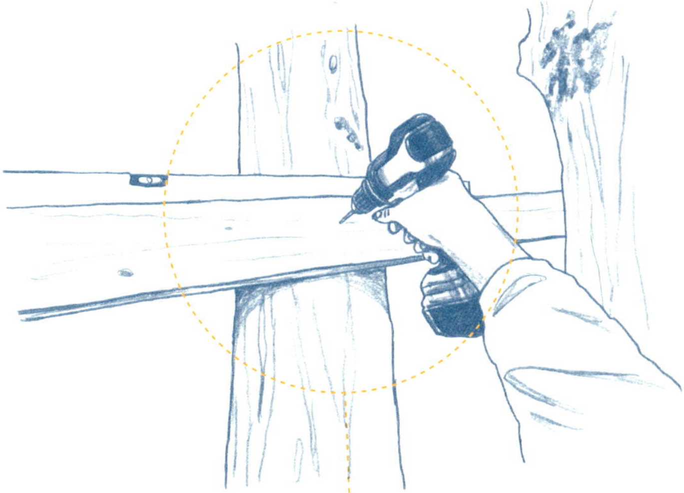

1

Um dir die genaue Positionierung deines Baumhauses zu erleichtern, kannst du auf der gewünschten Höhe des Tragbalkens (in unserem Fall 248 cm) ein Brett mit der Länge des Tragbalkens an den Baum schrauben oder mit einem Spanngurt anklemmen. Dieses Brett kommt später wieder weg. Richte es mit einer Wasserwaage aus und bringe es in die gewünschte Position.

Dieses Brett ist dein vorläufiger Referenzpunkt und steht für den Tragbalken. Von hier aus misst du die genaue Lage der Unterkonstruktion, der Plattform und des Baumhauses. So findest du heraus, ob alles, was du dort oben bauen möchtest, auch Platz hat.

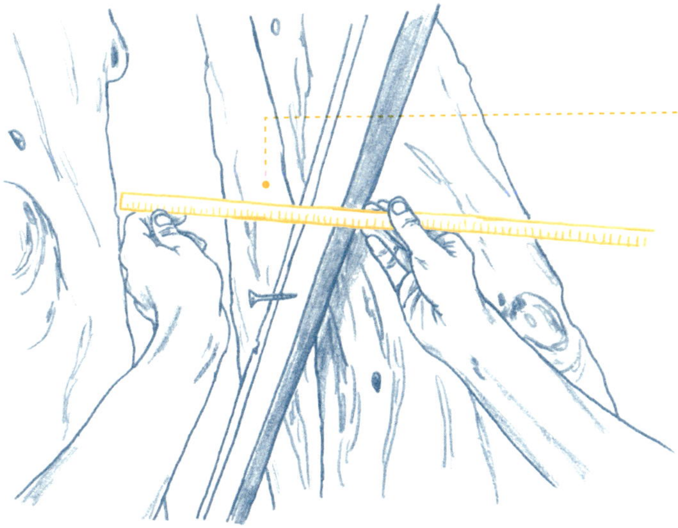

2

Miss auch nach, ob der Tragbalken an der gewünschten Position später ausreichend Platz haben wird. 10 cm sollten später zwischen Tragbalken und Baum bleiben, damit der Baum weiter wachsen und sich bewegen kann.

3

Bedenke, dass je nach Aufbau deiner Unterkonstruktion die Baumschraube noch einige Zentimeter unterhalb der Oberkante deiner Bodenbretter installiert werden muss. Stelle daher sicher, dass dort das Bohren und Setzen der Schraube auch möglich ist.

In unserem Fall besteht der Aufbau aus:

- dem Festlager, dessen Oberkante 3,5 cm oberhalb der Schraubenmitte ist
- einem 11 cm hohen Tragbalken
- einer 12 cm hohen Plattform und
- den 2,5 cm dicken Bodenbrettern.

Miss also insgesamt 29 cm von der Oberkante deiner Bodenbretter bis zu dem Punkt, an dem du bohren musst.

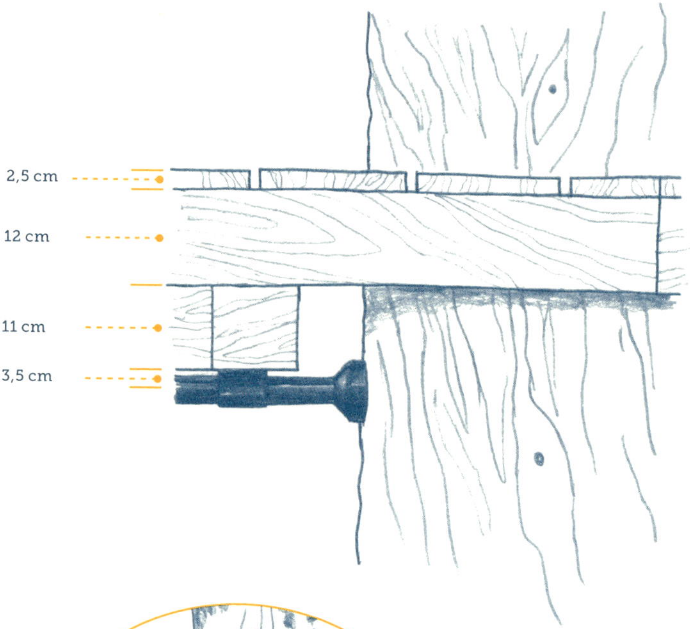

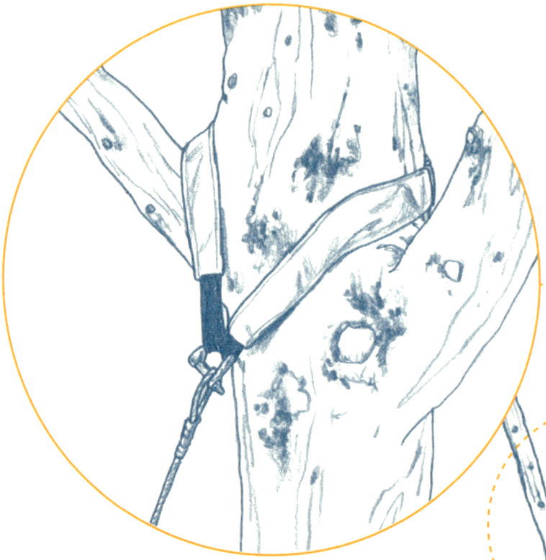

4

Wenn du deinen Tragbalken später aufhängen willst, kontrolliere auch, ob das dort gut möglich ist. Das bedeutet, ob über deinem Balken eine geeignete Gabelung am Hauptstämmling ist, an der deine Aufhängung sicher installiert werden kann und das Seil später deiner Konstruktion nicht im Weg ist. Die Aufhängung sollte nicht nur an einem Ast hängen. Befestige sie stattdessen immer am Stamm oder Stämmling. Sie sollte einen an der Gabelung herauswachsenden Ast nur als Abrutschsicherung nutzen. Siehe Abbildung und Kapitel 3.3.

Wenn die Vermessung abgeschlossen ist, darfst du jetzt die Baumschraube setzen, die Aufhängung installieren und Fundamente graben. In deinem individuellen Fall vielleicht auch nur einen dieser Schritte, aber hier zeigen wir alle drei Varianten.

3.2 Befestigung mit einer Baumschraube

Die Baumschraube ist die tragende Verbindung deines Baumhauses mit dem Baum und damit nach dem Baum das wichtigste Element. Schließlich soll sie dem Baum als zusätzlicher Ast dienen und die Last deines Baumhauses sicher tragen.

Hier dürfen keine Fehler passieren, miss also lieber mehrmals nach und kontrolliere doppelt, du hast nur eine Chance. Aber keine Angst, wenn du dich gut vorbereitest und unseren Anweisungen folgst, schaffst du das!

Bei unserem Baumhaus haben wir die Baumschraube „GTS-Allstar" verwendet. Sie ist eine Weiterentwicklung der Garnier-Schraube, benannt nach ihrem Erfinder Michael Garnier. Er ist einer der weltweiten Vorreiter im Baumhausbau und betreibt das Out'n'About Treehouse Resort in Oregon, USA. Der Aufbau der „GTS-Allstar" unterscheidet sich von der ursprünglichen Form der Garnier-Schraube vor allem durch eine wesentlich massivere Ausführung. Außerdem wurde sie ans metrische System und in verschiedenen Details in der Formgebung angepasst, die den Wundverschluss und die Lastaufnahme im Baum optimieren. Dieser wird später gut mit der zusätzlichen Last umgehen können, vorausgesetzt, er ist gesund, vital und die Schraube wurde fachgerecht installiert. Wie in der Einleitung beschrieben, wird der Baum die Schraube mit der Zeit durch die Bildung von Reaktionsholz wie einen zusätzlichen Ast in sein System integrieren.

☞ Die „GTS-Allstar" Baumschraube kann dank ihres großen Zylinders nach Angabe des Herstellers bis zu 2500 kg Gewicht in Weichholz und bis zu 4500 kg in Hartholz aufnehmen.

WERKZEUG

- Starker Akkuschrauber (> 70 Nm Drehmoment, 22V 5,2 AmH Akku)
- Schlangenbohrer 36 mm
- 74-mm-Forstnerbohrer mit 36-mm-Führungszapfen
- Umschaltknarre inkl. 46-mm-Nuss
- Evtl. stabiles Stahlrohr als Griffverlängerung für mehr Hebelarm
- Kleine Wasserwaage oder Libelle
- Gummihammer
- Desinfektionsmittel
- Sauberes Stofftuch
- Schlauchwaage oder Nivelliergerät
- Kletterausrüstung zum Sichern

Den Schlangenbohrer, den Forstnerbohrer und die Knarre kannst du dir auf www.thetreehouse.shop ausleihen. So musst du sie nicht für viel Geld kaufen, nur damit sie nach deinem Projekt herumliegen und verstauben. Eine Bohrmaschine ist für diesen Arbeitsschritt ungeeignet. Sie bremst, anders als ein Akkuschrauber, nicht sofort ab, wenn du den Einschalter loslässt. Damit stellt sie eine ernstzunehmende Gefahr für deine Handgelenke dar!

MATERIAL

- Schrauben:
  - 1 x Baumschraube „GTS-Allstar" inkl. Mutter, ein Festlager
  - 10-mm-Sechskant-Holzschrauben zum Fixieren des Festlagers

Auf der Baustelle

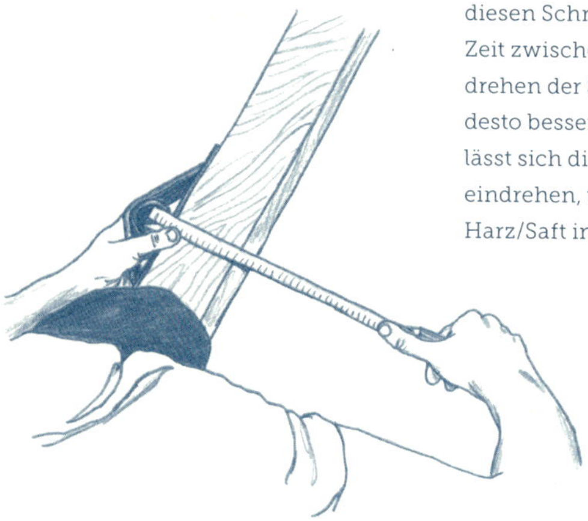

1

Lege dir alles zurecht, was du für diesen Schritt brauchst. Je weniger Zeit zwischen Bohren und Eindrehen der Schraube verstreicht, desto besser für den Baum. Auch lässt sich die Schraube leichter eindrehen, wenn noch nicht so viel Harz/Saft in die Bohrung geflossen ist. Definiere zunächst den genauen Punkt am Baum, an dem du das Loch für die Baumschraube in den Stamm bohrst. Miss dazu die Strecke zwischen der Oberkante des Tragbalkens und der Mitte der Schraube.

2

Ziehe das Maß von der gewünschten Höhe des Tragbalkens über der Oberkante des Erdbodens ab und übertrage es gut sichtbar auf den Baum.

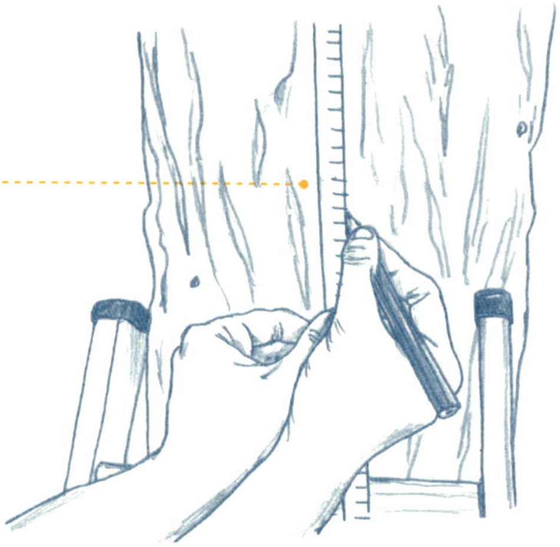

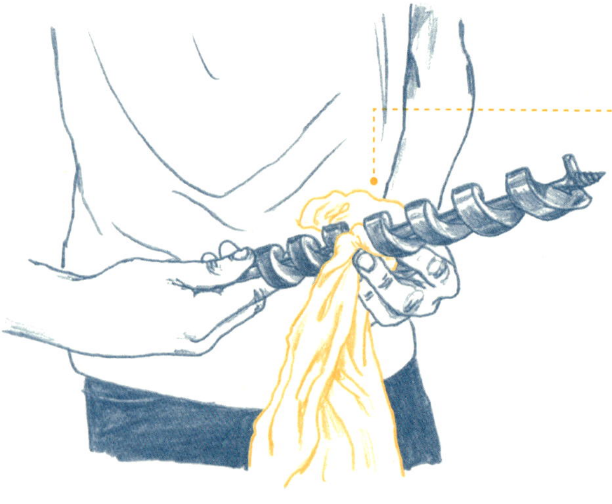

3

Säubere und desinfiziere den Bohrer kurz vor dem Bohren sorgfältig. Der Eintritt von Pilzsporen und sonstigen Schädlingen sollte bei diesem Schritt unbedingt verhindert werden. Das Einsetzen der Baumschraube sollte aus dem gleichen Grund unmittelbar nach dem Bohren erfolgen.

4

Bist du dir sicher, dass die Stelle, an der du bohren willst, die richtige ist? Dann bohre das Loch genau 18,5 cm tief mittig in den Stamm. Mit einem kleinen Stück Klebeband kannst du die 18,5 cm auf dem Schlangenbohrer markieren. So weißt du immer, wie tief der Bohrer gerade steckt. Kontrolliere mit einer kleinen Wasserwaage direkt auf dem Schlangenbohrer, ob dieser horizontal ist. Die Schraube muss später möglichst genau quer zum Balken verlaufen, damit das Festlager sauber installiert werden kann.

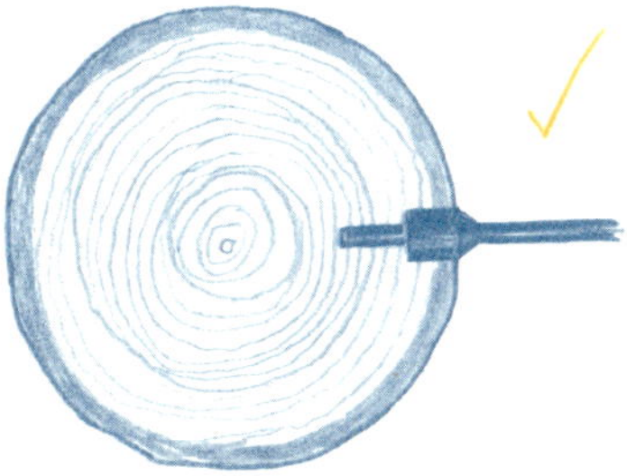

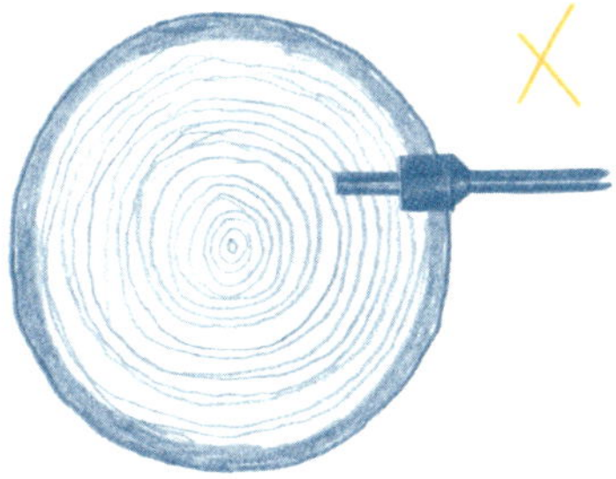

5

Nun bedient die oder der Kräftigste von euch das Gerät. Dabei auch unbedingt mit einem zusätzlichen Haltegriff arbeiten (s. Abb., linker Arm), um einen eventuell verkantenden Bohrer gut halten zu können, ohne sich das Handgelenk zu verdrehen. Achte auf einen sicheren Stand. Sichere dich zusätzlich mit Klettergurt und Seil, wenn du auf einer Leiter arbeitest. Zur Erinnerung: Achte unbedingt darauf, dass du waagerecht und im rechten Winkel zum späteren Tragbalken bohrst!

Ziehe zwischendurch den Bohrer immer wieder heraus und befreie ihn von Bohrspänen. Kontrolliere bei der Gelegenheit auch die Tiefe.

⚠ Solltest du feststellen, dass die Bohrspäne ungewöhnlich weich oder stark verfärbt sind, ist das ein Zeichen für Fäulnis im Baum. In diesem Fall darf dort keine Baumschraube als Auflager genutzt werden, da die sichere Lastaufnahme nicht mehr gewährleistet ist. Der Baum sollte auf jeden Fall fachkundig untersucht werden, bevor du weiterbaust.

6

Wenn eine Tiefe von 18,5 cm erreicht ist, bohre mit dem Forstnerbohrer nach, bis das größere Loch 6,5 cm tief ist. Miss dazu vom Kambium aus, also dort, wo der dunkle Teil der Rinde in den etwas helleren Teil übergeht. Wichtig ist, dass der dicke Teil der Schraube bis zu dem Punkt, wo er sich noch mal konisch verdickt, eingeschraubt werden kann.

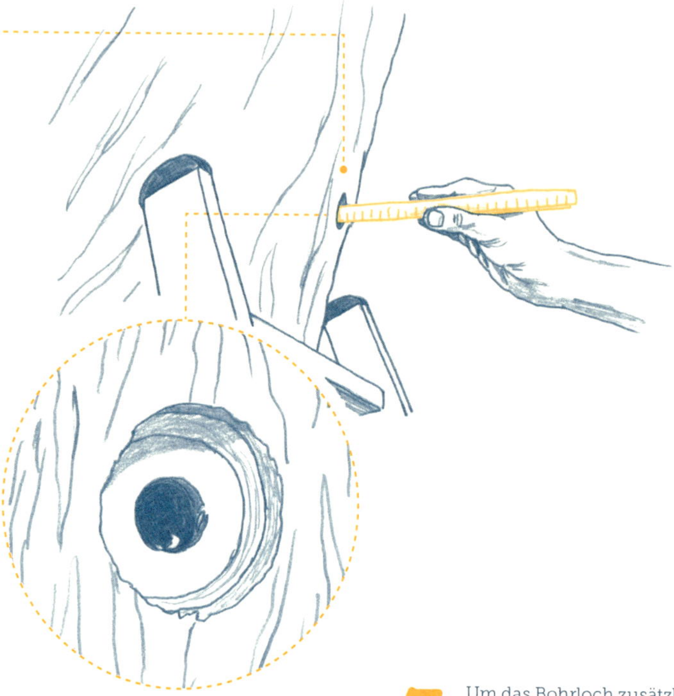

7

Um das Bohrloch zusätzlich gegen Pilzsporen zu versiegeln und die Schraube von Anfang an noch fester einzubetten, kannst du die Schraube am Ende des Grobgewindes sowie an der Außenseite des Zylinders mit PU-Leim benetzen. Falls kein Leim zur Verfügung steht, drehe die Schraube ohne Leim ein. Klopfe dazu die Baumschraube mit einem schweren Gummihammer etwas hinein, bis sie nicht mehr herausfällt.

Schraube dann die Baumschraube mit der Hand etwas ein. Drehe nun die Mutter auf das Feingewinde am Ende der Schraube, falls nicht schon geschehen.

☞ Solltest du nach dem Bohren feststellen, dass du dich vermessen und deine Schraube etwas zu tief positioniert hast, kannst du zwischen Auflager und Balken ein entsprechend dickes Holzbrettchen legen, um den Unterschied auszugleichen. Leime das Brettchen auf jeden Fall an, damit es mit der Zeit nicht verrutscht. Wenn die Schraube zu hoch ist, legst du beim anderen Ende des Tragbalkens entsprechend etwas unter. Ist die Position der Schraube total falsch, lass das Bohrloch auf keinen Fall unverschlossen. Der Baum hat sonst eine offene Schadstelle, die ein offenes Tor für Schädlinge und Fäulnis darstellt. Drehe im Zweifel die Schraube trotzdem rein und flexe sie wenn nötig ab.

8

Nun drehe mit der Knarre die Baumschraube ein, bis sie fest sitzt. Achte darauf, dass die Schraube beim Eindrehen stets horizontal bleibt. Mit einem stabilen Stahlrohr, das du als Verlängerung über den Griff der Knarre steckst, bekommst du bei Bedarf mehr Hebelarm. Sobald der dickere Mittelteil der Schraube im Baum hinten ankommt, wird das Eindrehen der Schraube merklich schwerer. Erst jetzt sitzt sie richtig. Manchmal ertönt dabei auch ein knarzendes Geräusch, da die Verdickung der Schraube durch die Reibung am Holz den Baum in Schwingung versetzt. Vorsicht bei weicherem Holz wie z. B. Fichte. Hier musst du aufpassen, dass du die Schraube nicht überdrehst!

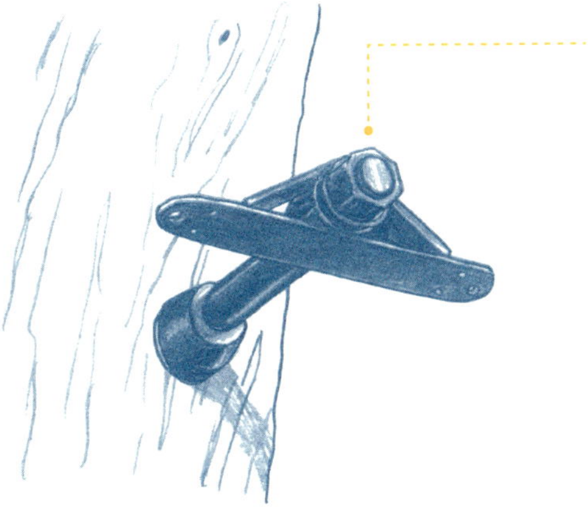

9 Schalte nun die Knarre in den Rückwärtsgang und lockere die Mutter. Schiebe dann das Festlager auf und drehe die Mutter wieder fest. Jetzt kann der Tragbalken auf dem Festlager befestigt werden. Auf dem Bild schaut das Festlager nach unten, das ist der Schwerkraft geschuldet. Natürlich muss es umgedreht werden, bevor der Tragbalken draufkommt.

10 Hast du mehrere Bäume zur Verfügung, kannst du auch mehrere Schrauben als Auflager installieren (s. Kap. 3.8).Bringe mit einer selbstgebauten Schlauchwaage (bestehend aus einem transparenten Schlauch gefüllt mit Wasser, s. Abb.) oder einem Nivelliergerät die Schrauben auf die exakt gleiche Höhe, damit die Plattform nachher schön waagerecht wird. Wenn du die Schlauchwaage einsetzt, achte stets darauf, dass sich keine Luftblasen mehr im Schlauch befinden. Ansonsten ist deine Messung für die Katz. Die Wasserstände an beiden Enden des Schlauches sind immer exakt auf derselben Höhe, wenn keine Luftblasen mehr vorhanden sind. Ein sehr zuverlässiges und genaues Messinstrument mit minimalem Aufwand, diese Schlauchwaage!

3.3

Aufhängung

Neben der Verwendung einer Baumschraube kannst du dein Baumhaus auch mithilfe eines Stahlseils im Baum aufhängen. Dies ist eine sehr elegante und verletzungsarme Variante. Besonders eignet sie sich für temporäre Installationen oder als Ergänzung an Stellen, an denen die Installation einer Baumschraube nicht möglich ist.

WERKZEUG

- Grundausstattung (s. S. 22)
- Flex
- Presszange für Seilpressklemmen. Diese brauchst du, um eine dauerhaft belastbare Aufhängung zu installieren.
- Einen arretierbaren, d. h. feststellbaren Flaschenzug zum Heben deiner Bauteile. Oder alternativ ein Arbeitsseil mit passender Seilrolle.

Ein paar der Vorteile dieser Methode sind, dass du dem Baum keine Wunde zufügst und er sich frei bewegen kann, sie dich wenig kostet und sie über eine große Lastaufnahme verfügt (bis zu 4–8 Tonnen). Die Nachteile wären, dass du deine Plattform eventuell an die Lage des Seils anpassen musst, das Seil beim Durchgehen stören könnte und das Baumhaus bei stärkerem Wind sehr schwingungsanfällig ist. Achte daher darauf, die Aufhängung möglichst niedrig einzubauen. Je höher du sie aufhängst, desto größer die Windbewegung. Und falls das Seil, der Ast oder die Astgabel doch einmal versagen sollten, kann dies plötzlich geschehen. Ganz anders als bei der Baumschraube, die durch ein langsames Verformen auf sich aufmerksam machen würde. Wir haben eine Baumschlaufe verwendet, um die lange Auskragung unseres Tragbalkens so zu ermöglichen und natürlich, um dir Alternativen zu bieten.

MATERIAL

- Tragbalken Lärche 11 x 11 cm
- Edelstahlseil min. 6 mm in passender Länge **(1)**
- 2 Pressklemmen pro Seilende **(2)** (Schraubklemmen sind nicht empfehlenswert, da nicht für wechselnde Belastung ausgelegt und wartungsintensiv)
- 1 Schlaufenband pro Aufhängung **(3)**
- 1 Kausche pro Seilende **(4)**
- 1 Wantenspanner / Spannschloss pro Aufhängung **(5)**
- 1 Schäkel pro Seilende **(6)**
- 1 Ringmutter M16 pro Aufhängung **(7)**
- 1 Mutter M16 **(8)** und passende Unterlegscheibe pro Aufhängung **(9)**
- Gewindestange oder Schloss-/Sechskantschraube M16, in passender Länge **(10)**
- Gurtschlaufen zur provisorischen Aufhängung
- Stabiles Klebeband (z. B. Gaffertape)
- Lot oder dünne Nylonschnur und Ringschraube
- Gurtschlaufe

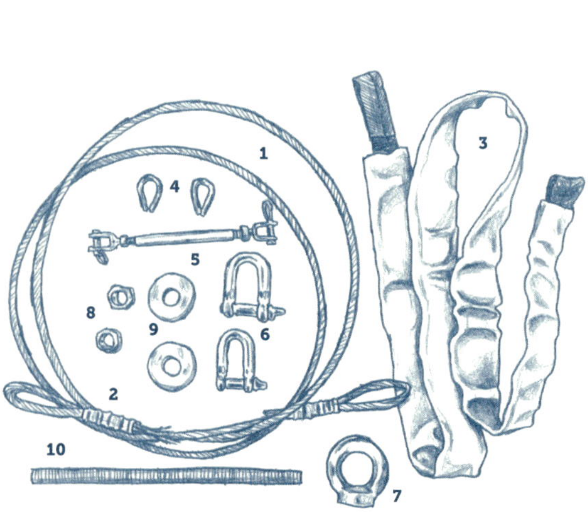

Auf der Baustelle

Um den Tragbalken aufzuhängen, lege das Schlaufenband idealerweise um den Hauptstamm. Als Alternative kannst du einen möglichst dicken Nebenstämmling wählen. Die Äste beziehst du nur als Abrutschsicherung mit ein. Achte auf genügend Platz für das Baumwachstum. Das Band sollte also schön locker um den Stamm gelegt werden und diesen keinesfalls würgen! Noch mal: Je höher der Aufhängepunkt liegt, desto mehr Windbewegung wird er ausgesetzt. Baue die Aufhängung also möglichst niedrig ein. Der Winkel zwischen abgehängtem Tragbalken und Stahlseil sollte später aber auf jeden Fall zwischen 45° und 90° sein. So wird die Last von deiner Aufhängung gut gehalten.

1

Achte darauf, dass das Schlaufenband überall plan am Stamm anliegt und nicht verdreht ist.

Miss nun die ungefähre Länge zwischen der Aufhängung und dem Tragbalken dort, wo nachher das Stahlseil entlanggehen soll. Schneide störende Äste und Zweige vorher weg, wenn es nicht anders geht. Achte dabei auf die richtige Schnitttechnik (s. Kap. 2.3).

☞ Achte bei allen Teilen deiner Aufhängung auf Kompatibilität. Das bedeutet, dass sich alles miteinander verbinden lässt und aufeinander abgestimmte zulässige Traglasten hat. Ansonsten hast du am Ende vielleicht ein zu schwaches Glied in deiner Aufhängungs-Kette. Verwende immer Edelstahl, er ist dauerhafter und rostfrei.

2

Schneide nun mit der Presszange das Drahtseil auf die gewünschte Länge. Lass es circa 1 m länger als die gemessene Strecke zwischen Aufhängung und Tragbalken. So hast du mehr Spielraum und etwas, woran du ziehen kannst, um das Seil später auf Spannung zu bringen.

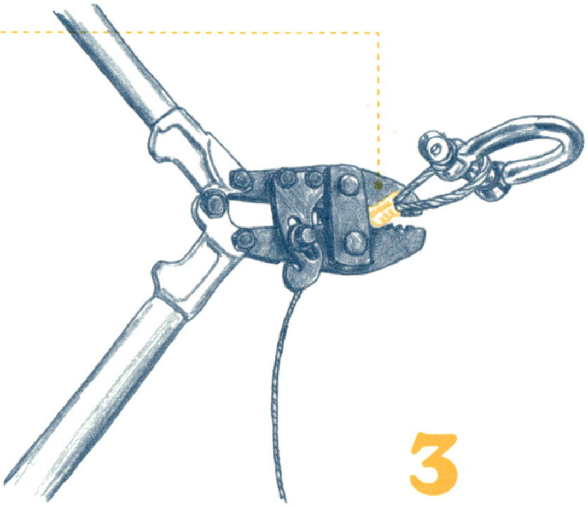

3

Schiebe zwei Pressklemmen auf das Stahlseil. Lege es dann um die Kausche und stecke das Ende wieder durch die Pressklemmen. So entsteht eine enge Schlaufe, und die Kausche kann nicht mehr herausfallen. Presse nun mit der Seilpressklemme die Klemmen jeweils drei Mal zusammen, dann kannst du als Baumhausbauer/in nachts ruhig schlafen. Umwickele das abgezwickte Ende mit Klebeband. Oder schöner: ganz eng mit dünner Nylonschnur, damit das Seil nicht ausfransen und Vorbeikletternde verletzen kann. Dann öffne den Schäkel und verbinde damit das Schlaufenband mit dem Stahlseil. Schraube den Schäkel fest zu. Fertig.

4

Installiere danach die provisorische Aufhängung des Tragbalkens, um diesen raufzuziehen und in Position zu halten. Arbeite hier am besten mit einem arretierbaren Flaschenzug. Er erleichtert dir durch seine 3:1-Übersetzung die Arbeit und erlaubt dir, den Tragbalken millimetergenau in Position zu heben. Du hast keinen Flaschenzug? Dann tut es auch ein stabiles Arbeitsseil, das du oben im Baum über eine passende Seilrolle laufen lässt.

5

Die Rundschlinge kannst du um deinen Tragbalken legen, um daran das untere Ende deines Flaschenzuges/Seiles zu befestigen. Natürlich kannst du dein Seil auch direkt am Tragbalken befestigen. Achte nur darauf, dass es nicht abrutschen kann. Fixiere es eventuell mit einer kleinen Schraube.

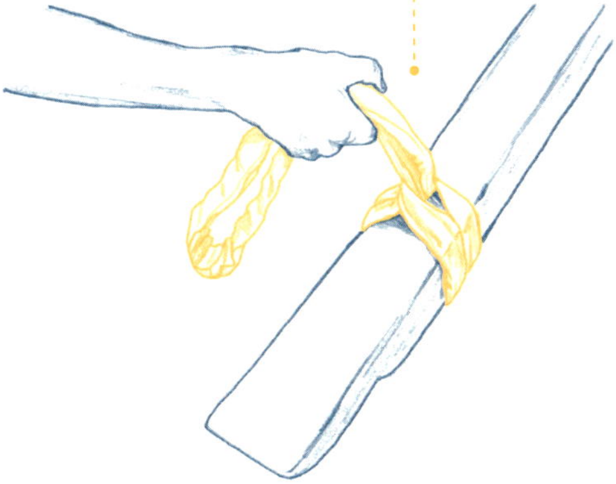

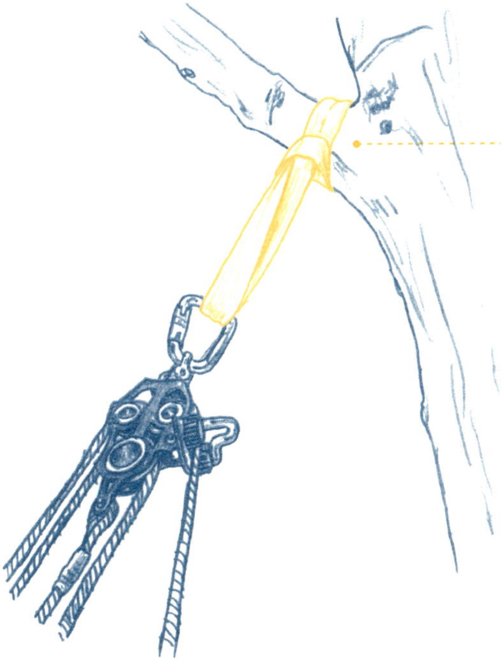

6

Lege eine zweite Rundschlinge um den Stamm oder einen starken Ast. Hänge den Flaschenzug mit dem oberen Block (der, an dem die Curryklemme sitzt, die das Seil arretiert) daran auf.

7

Hänge den unteren Block in der Rundschlinge am Tragbalken ein. Ziehe dann den Balken in die gewünschte Höhe.

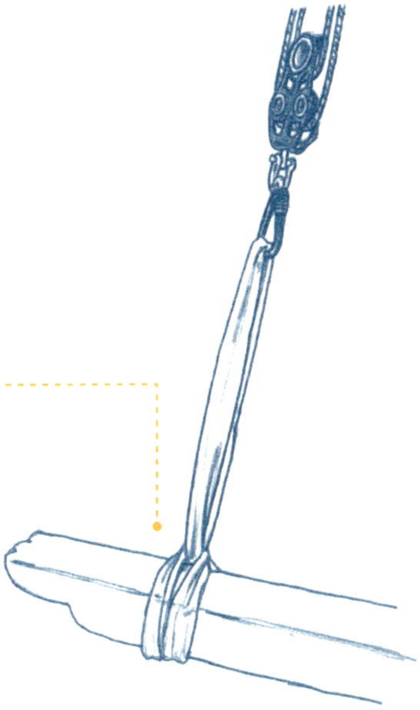

8

Hebe nun das andere Ende des Tragbalkens auf das Festlager. Eine/r von euch sollte ihn hier halten, während der/die andere am Flaschenzug sichert.

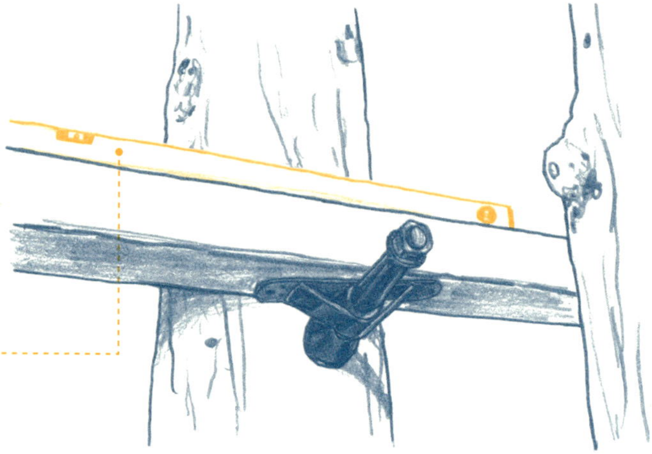

9

Gemeinsam bringt ihr den Tragbalken so in Position. Richtet ihn mit einer Wasserwaage aus. Fixiert das Festlager provisorisch mit zwei Schrauben am Tragbalken.

10

Bohre danach ein Loch mit 16 mm Durchmesser für die M16-Gewindestange in den Tragbalken. Gehe dazu 40 cm vom aufgehängten Balkenende nach innen und bohre mittig im Balken.

Flexe die Gewindestange auf die passende Länge (= Balkendicke + Unterlegscheiben und Muttern) ab. Oder nimm eine passende Schloss- bzw. Sechskantschraube und klopfe diese ein.

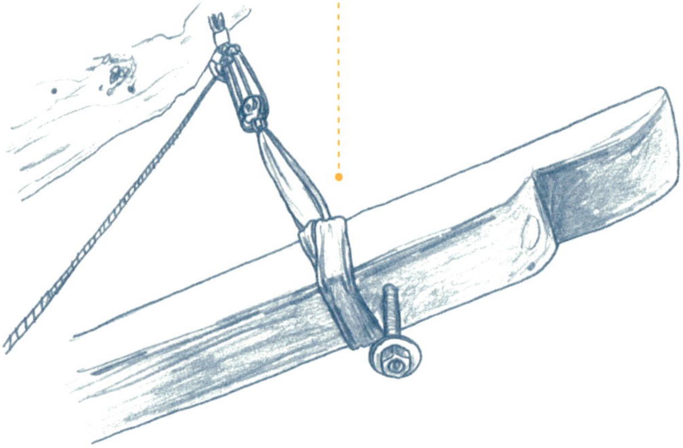

Vorsicht: Die Funken beim Flexen sorgen auf Lärchenholz nach einiger Zeit für unschöne Flecken. Decke es also immer gut ab, falls du in der Nähe von Bauteilen aus Lärche flexen musst!

11

Schraube oben die Ringmutter darauf und ziehe sie fest. Mit einer Rohrzange oder einem durch die Ringmutter gesteckten Schraubendreher kannst du deinen Hebelarm vergrößern. So kannst du die Ringmutter besser festziehen. Dann verbinde sie mit dem Schäkel und dem halb geöffneten Wantenspanner. So hast du später etwas Spiel zur Höhenjustierung.

12

Durch das obere Ende des Wantenspanners fädelst du das untere Ende deines Stahlseils, legst es zur Schonung durch eine Kausche und ziehst das Seil schön fest.

13

Verschließe jetzt mit zwei Pressklemmen das entstandene Seilauge und drehe das Ganze mit dem Wantenspanner auf Zug, bis der Tragbalken waagerecht hängt.

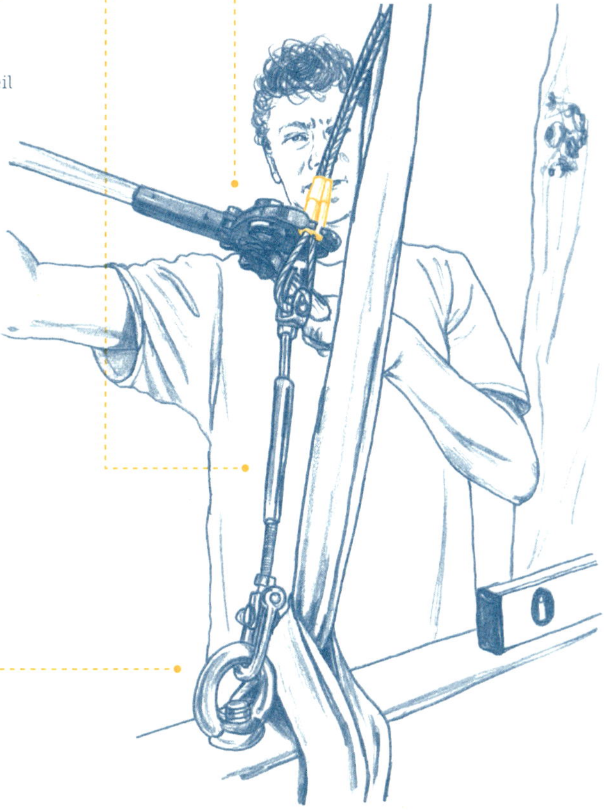

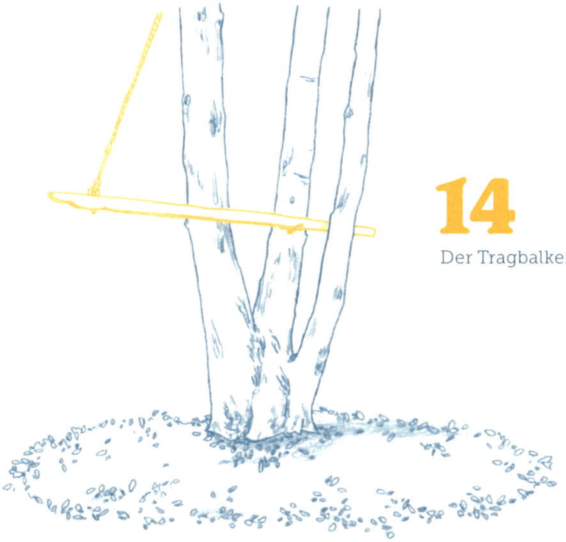

14

Der Tragbalken hängt!

☞ Bedenke, dass die Baumschlaufe laut DIN alle acht Jahre ausgetauscht werden muss, egal in welchem Zustand sie ist.

3.4

Stützen

Möchtest du deinen Baum entlasten oder ist er zu zart, um ein Baumhaus alleine zu tragen, sind Stützen (auch Steher genannt) deine beste Wahl.

WERKZEUG

- Grundausstattung (s. S. 22)
- Kappsäge
- Lot/Senkblei
- Lange Wasserwaage oder Nivelliergerät oder Schlauchwaage
- Markierspray
- Spaten, Schaufel, evtl. Spitzhacke, kleine Handschaufel, Kelle
- Mörtelwanne oder großer Eimer zum Anrühren
- Bohrer mit Rühraufsatz

MATERIAL

- Lärchenbalken 11 x 11 cm
- Lärchenriegel 6 x 11 cm
- Schnellbeton oder normaler Beton
- Pfostenträger, möglichst höhenverstellbar
- Balkenschuh 11 cm breit
- Evtl. Messlatte oder Brett zum Verlängern der Wasserwaage
- Edelstahlschrauben:
  - 6 x 100 mm
  - 6 x 140 mm
- Verzinkte Schrauben:
  - 6 x 220 mm
  - 6 x 240 mm
- 6 x 140-mm-Schlossschrauben
- Expressanker

Die Lastaufnahme-Kapazitäten von Stützen sind sehr hoch, der Einsatz schwererer Materialien oder Einrichtungsgegenstände wie einer Badewanne damit grundsätzlich möglich. Außerdem hast du den Vorteil, dass du dein Projekt statisch leichter berechnen kannst und es äußerst standfest ist. Achte allerdings beim Graben deiner Fundamente unbedingt auf die Wurzeln! Diese können leicht beschädigt werden.

Die einfachste und stabilste Methode ist die Abstützung mit Lärchenstehern. Diese beschreiben wir hier.

Möchtest du deine Plattform hingegen wie wir mit schräggestellten Robinienstämmen abstützen, arbeite mit Kapitel 3.6 weiter. Hast du keinen Baum zur Verfügung, arbeite mit Kapitel 3.7 weiter. Dort wird die hier vorgestellte Methode in doppelter Ausführung erklärt. Du brauchst ja in dem Fall vier statt zwei Stützen, damit dein Baumhaus einen sicheren Stand hat.

So sieht die Unterkonstruktion mit Lärchenstehern aus, wenn du mit diesem Kapitel fertig bist.

In der Werkstatt

1

Schneide die Balken und Riegel der Unterkonstruktion nach den Angaben im Plan ab Seite 6 zu. Montiere die Stützen inkl. Streben 1 und 2 und Querbalken. Verbinde die Balken mit 220-mm-Schrauben und die Knaggen mit 140-mm-Schrauben. Bohre dafür mit einem 6-mm-Bohrer vor und schraube immer möglichst rechtwinklig zur Schnittfläche. Etwas Leim verstärkt auch hier wieder die Verbindungen. Beschrifte die restlichen Teile an ihren Schnittflächen mit dem jeweiligen Längenmaß, so kannst du sie später leichter zuordnen.

Auf der Baustelle

2

Zuerst ermittle die Positionen deiner Fundamente am Boden. Übertrage dazu mit einem Lot zwei definierte Punkte oben am Tragbalken auf den Boden. Miss dann die Abstände am Boden aus und bestimme so die Position der Unterkonstruktion bzw. der Fundamente. Wenn du kein Lot hast, kannst du dir mit einer Schnur und z. B. einer Ringschraube eines bauen.

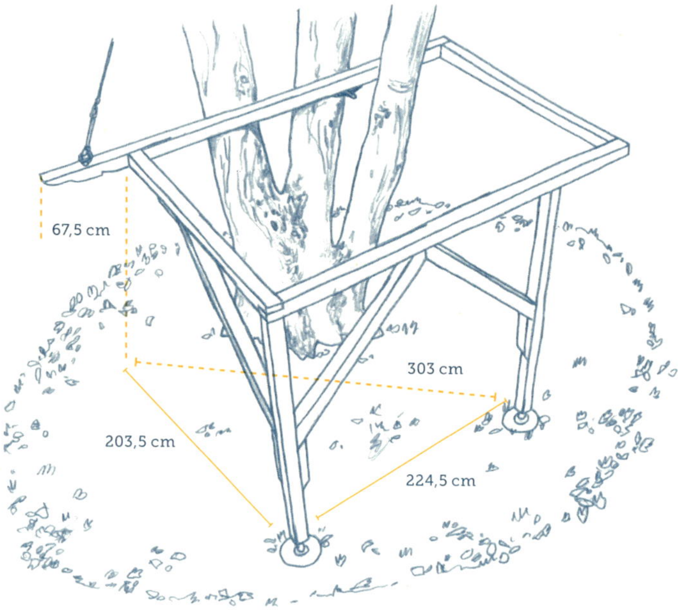

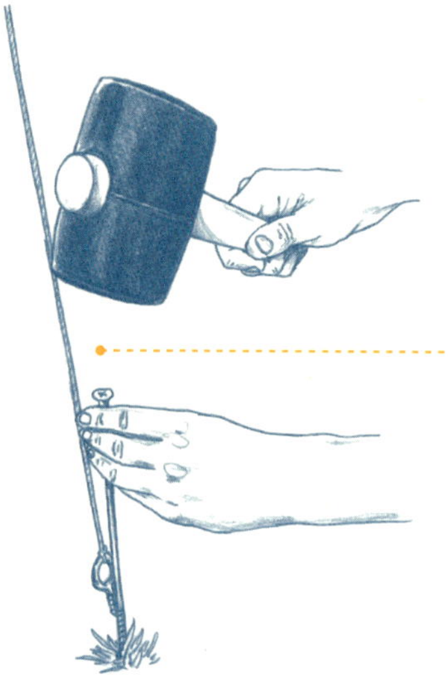

3

Gehe dazu vom aufgehängten Ende deines Tragbalkens 67,5 cm nach innen. Lote dort nach unten zum Boden und markiere den Punkt mit einer langen Schraube. Markiere dir dann den Abstand zum nächsten Lotpunkt (224,5 cm) am Tragbalken und lote dort ebenfalls nach unten zur Erde. Markiere diesen Punkt wieder mit einer langen Schraube.

4

Verbinde beide Punkte am Grund mit einer Latte oder Schnur. Gehe dann rechtwinklig zu dieser Linie jeweils 203,5 cm nach vorne und markiere die Stellen wieder mit einer langen Schraube. Die beiden neu entstandenen Punkte müssen 224,5 cm voneinander entfernt sein. Das sind die Mittelpunkte deiner Fundamente für die Unterkonstruktion mit Lärchenstützen. Hier musst du später graben. Zur Kontrolle: Die Diagonale zwischen deinen Lotpunkten am Boden und den Mittelpunkten der Fundamente muss 303 cm betragen.

5

Wenn du dir sicher bist, dass die Positionen der Fundamente so stimmen, markiere sie großzügig mit Markierspray.

6

Beginne die Löcher mit einem Spaten abzustechen und auszuheben. Sie sollten etwa 30–40 cm breit und am Ende 80 cm tief sein. Wechsle zur Schaufel, sobald es mit dem Spaten nicht weitergeht. Wenn es steinig wird, kannst du eine Spitzhacke zur Hilfe nehmen. Achte beim Graben immer auf Wurzeln von umstehenden Bäumen! Mach dir lieber die Hände schmutzig und grabe vorsichtig um die Wurzeln herum, statt sie einfach durchzuhacken. Vor allem ab einer Dicke von ungefähr der deines Daumens. Wenn du das Fundament gießt, umwickle die Wurzel vorher mit etwas Schaumstoff oder packe sie in ein der Länge nach geschlitztes Rohr. So kann sie weiterwachsen und den Baum mit Nährstoffen versorgen.

7

Rühre jetzt den Schnellbeton oder Zement sackweise mit Wasser in einer großen Mörtelwanne an. Verarbeite ihn je nach Angabe des Herstellers oder bis die Masse von der Konsistenz einem Pfannkuchen- bis Kuchenteig gleicht. Fülle die Masse in die Löcher und verdichte sie mit einem Kantholz, sodass keine Lufteinschlüsse mehr enthalten sind. Die Oberkante des Fundamentes sollte später bündig mit der Bodenoberkante sein.

☞ In unseren Breiten gilt ein Fundament ab einer Tiefe von 80 cm als frostsicher, da der Boden und darin enthaltenes Wasser ab dieser Tiefe im Winter nicht gefriert. Sonst könnte durch die Ausdehnung bei Kälte das Fundament angehoben werden.

3.5

Anpassen der Stützen

Wenn die Fundamente ausgehärtet sind, geht es erst mal ans Messen

Deine Stützen müssen ja noch auf die passende Länge gebracht werden. Schließlich soll später die Oberkante des Querbalkens deiner Unterkonstruktion, die auf den Fundamenten steht, auf der gleichen Höhe sein wie die Oberkante deines Tragbalkens am Baum.

Am besten geht das natürlich mit einem Nivelliergerät. Das kann ein Lasermessgerät oder ein optisches Gerät sein. Beide Geräte sind recht teuer, du kannst sie aber auch mieten. Die Funktionsweise dieser Geräte und die Art der Handhabung entnimmst du am besten der jeweiligen Bedienungsanleitung.

Wenn du keines dieser Geräte zur Verfügung hast, kannst du auch mit einer langen Wasserwaage und einem Maßband arbeiten. Oder du wendest die Methode mit der Schlauchwaage an (s. S. 45).

In jedem Fall brauchst du dafür eine große freistehende Leiter sowie jemanden, der dir dabei hilft. Die Leiter stellst du neben das Fundament. Einer von euch legt nun die lange Wasserwaage waagerecht auf den Tragbalken und zielt in Richtung Fundament. Wenn deine Wasserwaage nicht lang genug ist, kannst du sie auf einer Messlatte oder einem Brett befestigen und sie so verlängern. Achte dabei darauf, dass deine Behelfswaage nicht durchhängt, sondern gerade bleibt. Nimm eine Latte oder ein Brett zur Hilfe, das du senkrecht auf das Fundament stellst. An dieses kannst du die Wasserwaage beim Messen halten, dann ist das Ganze nicht so wackelig.

Optisches Nivelliergerät

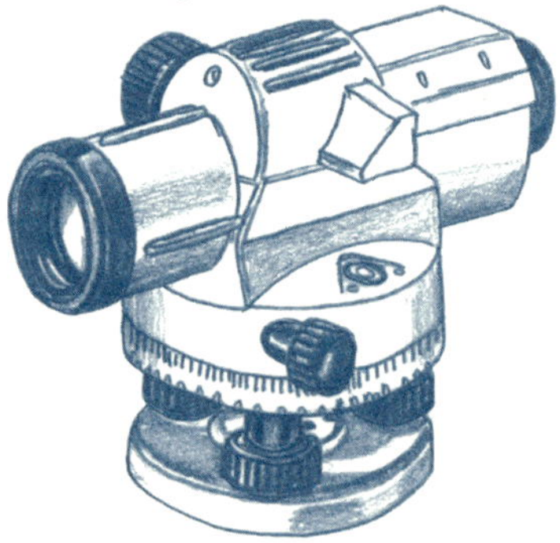

Lasermessgerät

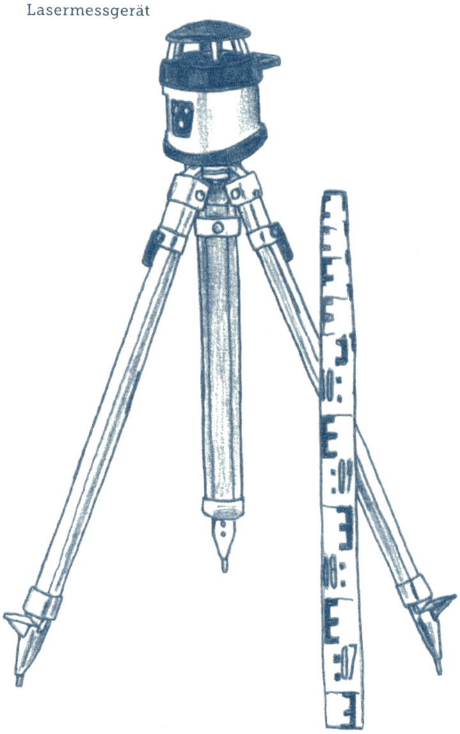

1 Miss nun die Höhe der Wasserwaage erst über dem einen und dann über dem anderen Fundament und notiere beide. So hoch muss am Ende deine Unterkonstruktion sein. Sind die gemessenen Distanzen beider Fundamente unterschiedlich, müssen auch die Stützen entsprechend unterschiedlich lang abgeschnitten werden, damit am Ende alles waagerecht und gleich hoch ist.

Mit der Schlauchwaage ist die Vorgehensweise ähnlich: Eine*r von euch hält ein Ende des Schlauches an den Tragbalken am Baum, sodass die Oberkante der Wassersäule auf der gleichen Höhe ist wie die Oberkante des Tragbalkens. Das andere Ende wird von der Leiter aus über das Fundament gehalten. Nimm auch hier wieder eine Latte oder ein Brett zur Hilfe, welches du senkrecht auf das Fundament stellst. An dieses kannst du die Schlauchwaage beim Messen halten, dann ist das Ganze nicht so wackelig. So kannst du mit einem Maßband nacheinander die Höhe der Wassersäulenoberkante über beiden Fundamenten ausmessen.

2

Jetzt kommen die vorgefertigten Elemente deiner Unterkonstruktion zum Einsatz. Von den ermittelten Höhen musst du noch die Höhe deines Pfostenträgers abziehen. Welche Art Pfostenträger du wählst, ist dir überlassen. Es gibt welche zum Einbetonieren und solche, die auf das fertige Fundament aufgeschraubt werden. Wir empfehlen letztere in möglichst massiver, verstellbarer Ausführung, wie die hier dargestellte mit vielen Möglichkeiten zur Befestigung. Wenn du dich vermisst oder verschneidest, kannst du kleinere Fehler mit so einem verstellbaren Pfostenträger gut ausgleichen.

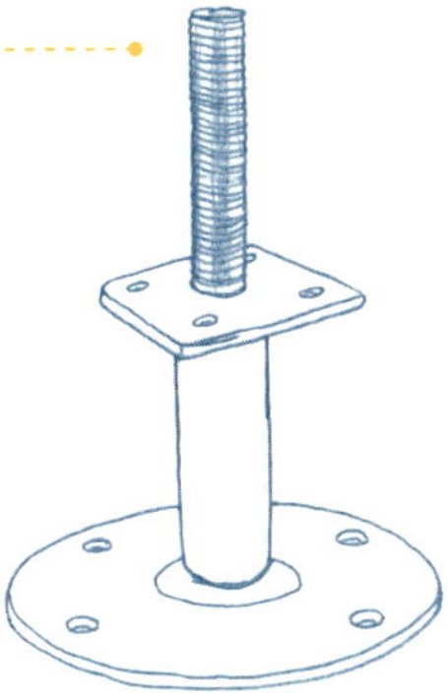

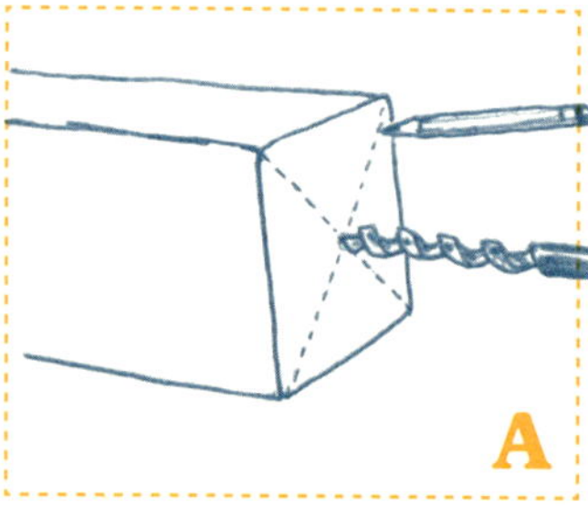

3

Sobald du die finale Länge deiner Stützen ermittelt und angezeichnet hast, kontrolliert noch einmal gemeinsam, ob das Ergebnis wirklich so stimmt, bevor du sie abschneidest. Markiere anschließend die Mitte der Schnittflächen, falls deine Pfostenträger ein Gewinde haben, mit der sie in die Stütze geschraubt werden. Bohre dort ein passendes Loch (A) und achte dabei auf absolute Parallelität zur Stütze, damit die Pfostenträger später perfekt sitzen. Gib etwas Leim ins Bohrloch (B) und schraube die Platte mit dem Schraubgewinde mittig auf das Loch (C). Stecke anschließend deinen Pfostenträger bis zum Anschlag hinein (D). Befestige ihn dann mit geeigneten Schrauben (E, F).

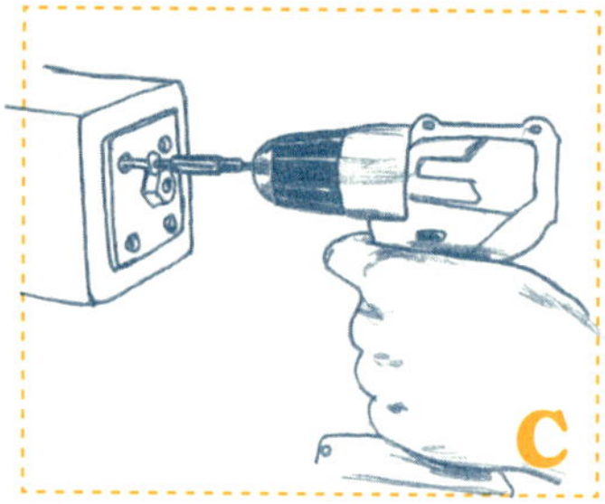

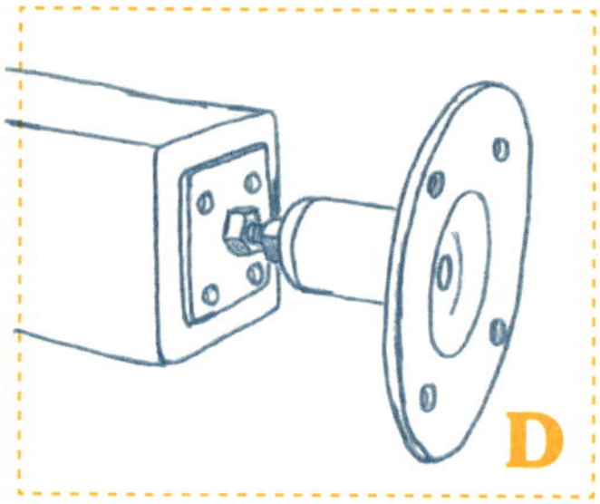

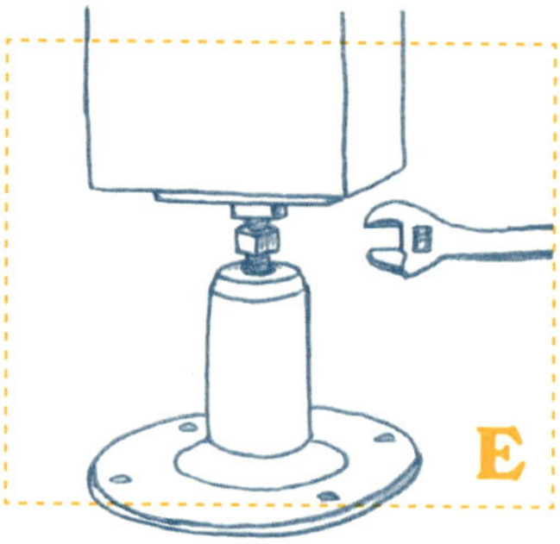

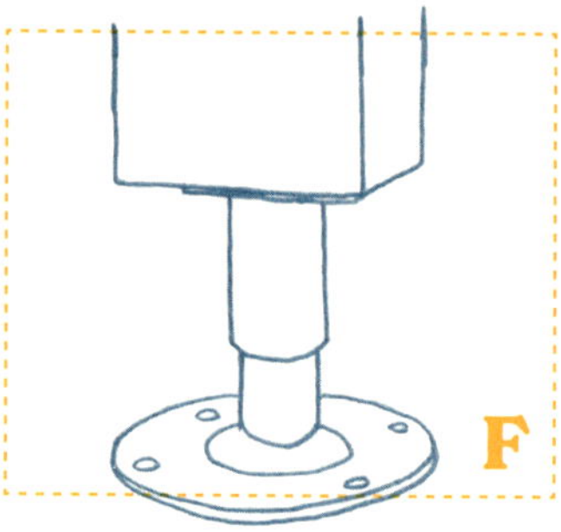

4

Dann kannst du das Gestell aufstellen. Richte die vorgefertigte Unterkonstruktion auf den Fundamenten auf und rücke sie in die passende Position. Und zwar so, dass der lichte Abstand zum Tragbalken am Baum der Länge deiner Verbindungsbalken entspricht, in unserem Fall 198 cm. Achte dabei auf einen senkrechten Stand der Unterkonstruktion.

5

Stütze die Unterkonstruktion mit Latten oder Brettern zu allen Seiten hin ab. Diese kannst du mit Schraubzwingen befestigen oder auch anschrauben. Schraube dann an den Stellen, wo später die Verbindungsbalken montiert werden, Bretter von unten an die Tragbalken. Du kannst sie auch mit Schraubzwingen hinklemmen, dann hinterlässt du keine Schraublöcher. So kannst du die Unterkonstruktion zusätzlich an Ort und Stelle fixieren. Und du hast später ein Auflager zur leichteren Montage deiner Verbindungsbalken.

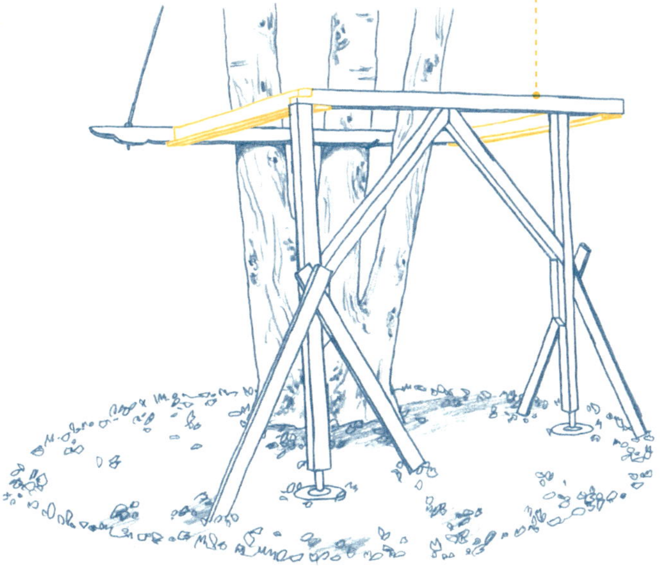

6

Dann legst du die Verbindungsbalken auf die Auflagerbretter und verschraubst sie mit dem Tragbalken auf der einen Seite und dem Querbalken deiner Unterkonstruktion auf der anderen Seite. Die Montagemaße findest du im Plan auf Seite 5.

7

Jetzt kannst du die Auflagerbretter entfernen. Montiere die Knagge Nr. 1 (vorher leimen) an den Verbindungsbalken wie im Plan auf Seite 7 angegeben. Dafür nimmst du 140-mm-Schrauben. Gib dann etwas Leim auf die Schnittflächen der Strebe Nr. 3. Lege sie dann in die Knaggen. Rücke die Unterkonstruktion wenn nötig so in Position, dass die Strebe an beiden Knaggen sauber anliegt. Schraube alles mit 220-mm-Schrauben fest zusammen. Zusätzlich solltest du auch den Balkenschuh an den Tragbalken montieren, um den Verbindungsträger zusätzlich zu unterstützen. So wird die Verbindung dort stabiler. Da ein großer Teil des Gewichtes deines Baumhauses später dort aufliegen wird, ist der Balkenschuh an dieser Stelle notwendig.

8

Jetzt geht es erst mal mit Kapitel 4.1 weiter. Arbeite dort bis zu Schritt 15 und kehre dann hierher zurück, um die Strebe Nr. 4 zu montieren. Diese bildet bei dieser Konstruktionsvariante eine Verbindung zwischen Unterkonstruktion und Plattform, daher musst du diesen kleinen Ausflug ins nächste Kapitel machen.

Die Plattform ist installiert? Gut. Lege nun die Strebe Nr. 4 in die verbliebene Knagge und lege das Blatt am darüber liegenden Plattformriegel an. Leime die Verbindungen wieder vorher an. Stelle sicher, dass deine Stütze absolut senkrecht steht, bevor du die Strebe festschraubst.

9

Du kannst die Strebe zunächst mit zwei 100-mm-Schrauben fixieren, dann kannst du in Ruhe das Loch für die Schlossschraube bohren. Das Loch sollte mittig in der Ausblattung sein. Stecke eine 140-mm-Schlossschraube hindurch, Unterlegscheibe und Mutter drauf und diese festziehen.

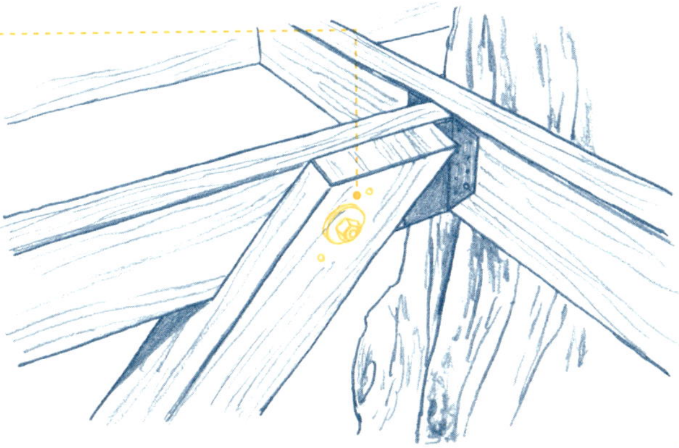

10

Fertig. Deine Pfostenträger müssen jetzt noch auf den Fundamenten befestigt werden. Das geht am besten mit passenden Expressankern. Kontrolliere vorher noch mal, ob deine Steher auch wirklich senkrecht stehen. Wenn sie erst mal final befestigt sind, kannst du sie nicht mehr verrücken. Für diesen Schritt müssen die Fundamente unbedingt vollständig ausgehärtet sein!

Expressanker

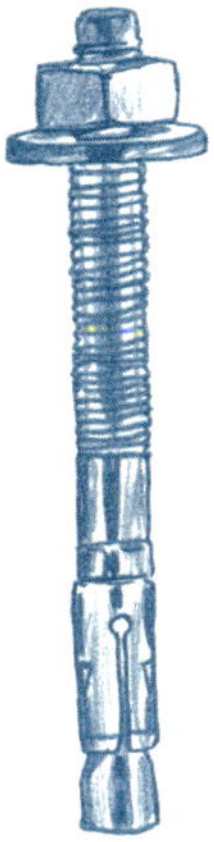

A

Bohre mit einem Schlagbohrer und dem passenden Bohrer durch die Löcher in der Bodenplatte des Pfostenträgers ins Fundament.

B

Mit einem Hammer schlägst du anschließend die Expressanker nacheinander in die Löcher ein.

C

Drehe sie dann mit einem Schlagschrauber oder Schraubenschlüssel fest.

Gehe nun zum Kap. 4.2 und mache dort mit dem Bodenbelag weiter.

3.6 Unterkonstruktion mit Robinienstämmen

Wenn du das Baumhaus wie wir mit schräggestellten Robinienstützen bauen willst, baust du dir am besten vorher ein Gerüst auf der Höhe deiner Unterkonstruktion, mit dessen Hilfe du die schrägen Stützen einfacher in Position bringen kannst.

WERKZEUG

- Grundausstattung (s. S. 22)
- 12-mm-Bohrer
- Flex (Winkelschleifer mit Trennscheibe)
- Motorsäge
- Markierspray
- Spaten, Schaufel, evtl. Spitzhacke, kleine Handschaufel, Kelle
- Stabile Mörtelwanne oder großer Eimer zum Anrühren
- Bohrer mit Rühraufsatz
- Große Gießkanne
- Stück Holz zum Verdichten des Zements

Aus Riegeln (6 x 6 cm) und/oder Brettern kannst du ein stabiles Gerüst bauen, das dir gleichzeitig als Auflager für deine Unterkonstruktionsbalken dient. Dazu müssen die Auflager natürlich dort sein, wo später die Verbindungsbalken montiert werden müssen. Siehe Plan Seite 11. Bei diesem Schritt ist ein Helfer mit Erfahrung beim Arbeiten mit der Motorsäge unerlässlich.

MATERIAL

- Robinienstämme und -streben, siehe Plan
- Schnellbeton oder Zement
- diverse Bretter/Latten für Auflager und Abstützung
- je 4 Balkenschuhe für Balken 11 x 11 cm und 6 x 12 cm
- diverse Holzschrauben
- M12-Gewindestange oder M12-Schlossschrauben in passender Länge inkl. Unterlegscheiben und Muttern

☞ Die Robinie (*Robinia pseudoacacia*; auch bekannt als falsche Akazie), ist fast das einzige Holz, das so dauerhaft ist, dass es in den Boden oder in Beton eingegraben werden kann, ohne zu verrotten. Es ist extrem stark und hart und weit verbreitet. Jedes andere Holz (außer vielleicht Eiche) würde ein Fundament zum Schutz benötigen.

Auf der Baustelle

1

Schneide zuerst die Bretter für das Gerüst zurecht.

2

Fixiere dein Gerüst von unten am ersten installierten Tragbalken. So kannst du die Verbindungsbalken deiner Unterkonstruktion darauflegen und bequemer montieren.

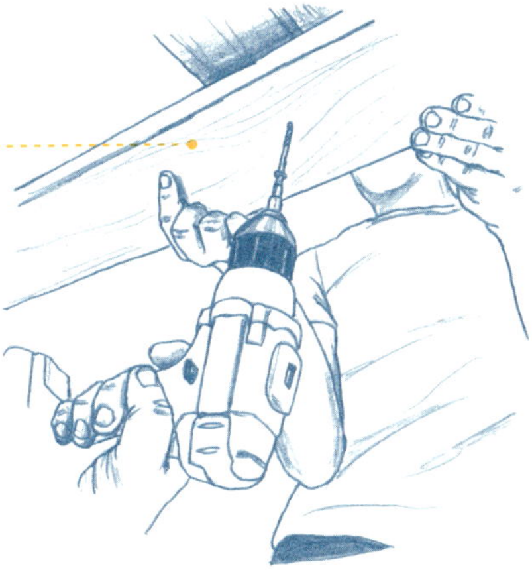

3

Prüfe mit einer Wasserwaage, ob die horizontalen Auflager auch wirklich waagerecht sind. Überprüfe mit einem Maßband die Diagonalen, um sicherzustellen, dass du ein Rechteck und keine Raute gebaut hast. Sind beide diagonal gemessenen Maße gleich, ist es ein Rechteck.

4

Sind die Maße ungleich, korrigiere die Positionen der Auflager so lange, bis sie gleich sind. Stütze dein Gerüst vorne mit senkrechten Brettern oder Riegeln ab und verstrebe es zusätzlich zu den Seiten. So sollte deine rechteckige Konstruktion nun aussehen.

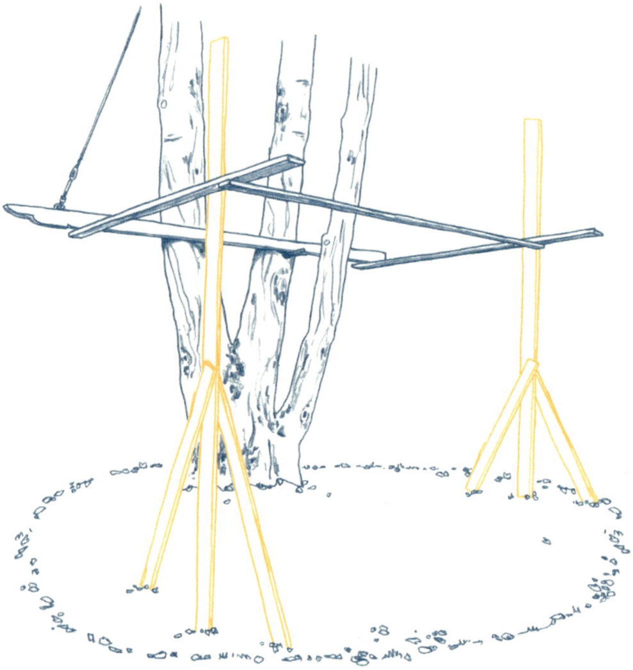

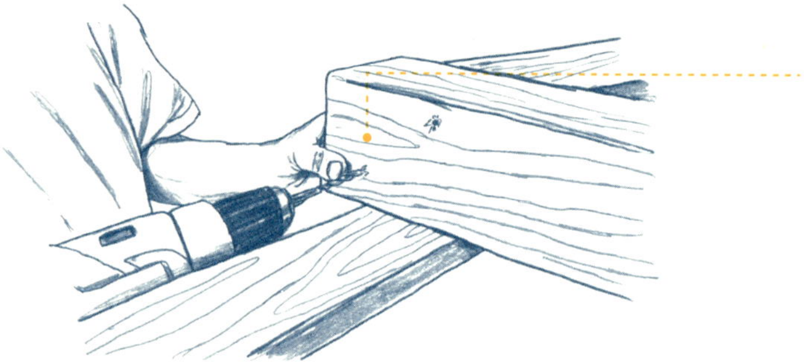

5

Lege die Querbalken und Verbindungsbalken auf. Die genauen Positionen entnimmst du den Montagemaßen im Plan auf Seite 11. Bohre erst vor, dann verschraube alles miteinander. 220-mm- bis 240-mm-Schrauben sind hierfür geeignet.

6

Bohre leicht schräg, da du hier in Hirnholz, d. h. längs zur Holzfaser, schraubst und die Festigkeit deiner Verbindung sich erhöht, wenn die Schraube nicht komplett längs zur Faser verläuft. Wähle in so einem Fall (rechtwinklig zueinander verschraubte Balken) die Schrauben immer mindestens doppelt so lang wie die Dicke des Balkens, den du anschraubst. Du solltest hier zusätzlich passende Balkenschuhe verwenden, um auf der sicheren Seite zu sein.

7

Miss noch mal die Diagonale deiner bisherigen Konstruktion in beiden Richtungen, um zu kontrollieren, ob die Balken deiner Unterkonstruktion ein Rechteck bilden. Ermittle nun von der Leiter aus die genauen erforderlichen Längen für die Robinienstämme und zeichne diese an. Berechne dabei ein, dass zusätzliche ca. 30–40 cm der Robinienstämme ins Erdreich gesteckt bzw. einbetoniert werden!

Halte die Robinienstämme dazu oben an deinen Querbalken. Du kannst von jeder Seite ca. 20 cm einrücken. Am Ende sollten sie nicht schräger als ca. 15° stehen, sonst ist die Unterkonstruktion schwer zu stabilisieren.

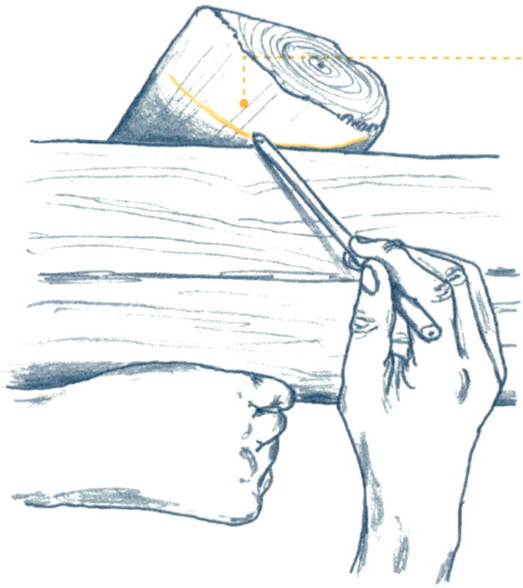

8

Zeichne die Lage des Schnittes für die Ausblattung am Robinienstamm an. Ziehe dazu mit dem Bleistift zwei Linien entlang des Querbalkens: einmal an der Oberkante des Querbalkens und einmal an der Unterkante des Querbalkens. Mit dieser Ausblattung schaffst du ein Auflager für den Querbalken der Unterkonstruktion und gleichzeitig eine ordentliche Fläche zum Verschrauben des Querbalkens mit dem Robinienstamm.

9

Markiere im gleichen Schritt die Position der Robinienstämme am Boden mit Markierspray. Sprühe erst einen Kreis um sie herum und danach ein Kreuz in die Kreismitte. Wenn du die Linien der Kreuze überlang markierst, siehst du noch, wo die Mitte des Loches sein sollte, wenn du mit dem Graben schon fortgeschritten bist.

10

Jetzt kommt das Absägen und Ausblatten mit der Motorsäge dran. Die richtige Technik und vor allem eine Schnittschutzausrüstung (Hose, Schuhe, Gehörschutz und Schutzbrille) nimmt diesem Arbeitsschritt den Schrecken. Lass dir diesen Schritt unbedingt von jemandem mit Erfahrung zeigen oder für dich erledigen. Sicherheit geht vor! Nicht umsonst gibt es Motorsägenkurse, in denen du den sicheren Umgang mit diesen Geräten erlernen kannst.

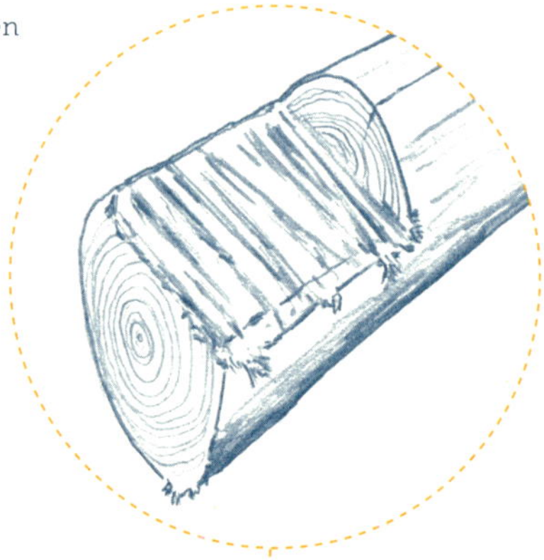

So sollte die Ausblattung am Ende ungefähr aussehen.

11

Beginne nun die Löcher mit einem Spaten abzustechen und auszuheben. Sie sollten etwa 10–20 cm um die Stützen herum ausgegraben und 80 cm tief sein.

Wechsle zur Schaufel, wenn es mit dem Spaten nicht weitergeht. Wenn es steinig wird, kannst du eine Spitzhacke zur Hilfe nehmen. Achte beim Graben immer auf die Wurzeln! Mach dir lieber die Hände schmutzig und grabe vorsichtig um die Wurzeln herum, statt sie einfach durchzuhacken. Vor allem ab einer Dicke von ungefähr der deines Daumens. Dein Baum braucht seine Wurzeln zum Leben und du brauchst den Baum in Zukunft als Träger deines Baumhauses. Also behandele ihn immer mit Respekt und Sorgfalt!

12

Stelle die Robinienstämme in die Löcher und rücke sie in Position.

13

Bohre nun an jedem Blatt zwei Löcher vor und fixiere den Robinienstamm dort mit zwei Holzschrauben. Etwas Leim auf der Schnittfläche schützt das Holz dort vor Feuchtigkeit und sorgt für zusätzliche Stabilität der Verbindung. Beim Leim immer auf Eignung für den Außenbereich achten. Bohre anschließend mittig ein 12-mm-Loch durch jedes Blatt und den Querbalken.

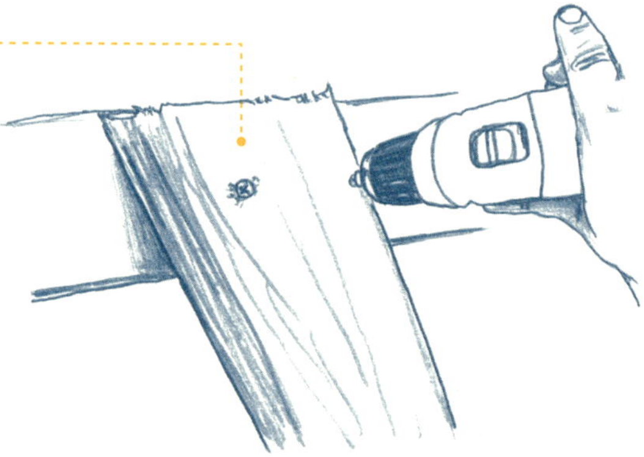

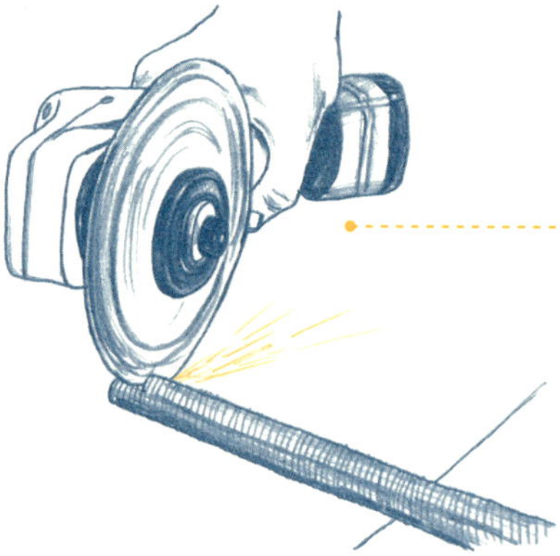

14

Flexe eine M12-Gewindestange auf die passende Länge ab. Das bedeutet hier: *Länge = Balkendicke + Dicke des Blattes + Unterlegscheiben und Muttern* auf beiden Seiten. Oder nimm die passende Schloss- bzw. Sechskantschraube und klopfe sie ein.

15

Kontere die Gewindestange auf der anderen Seite mit Unterlegscheibe und Mutter und ziehe diese gut fest.

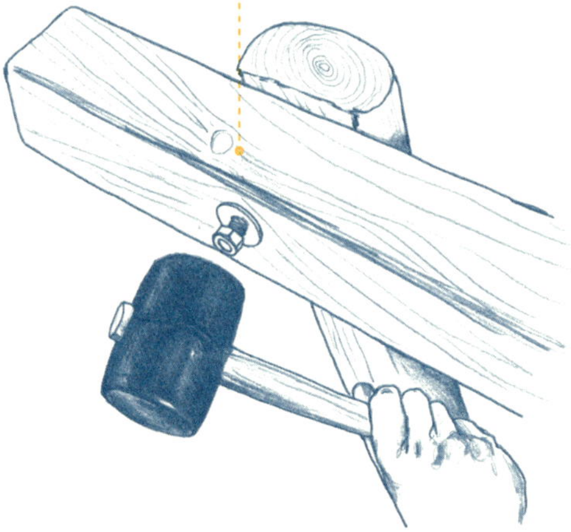

☞ Wenn du beim Fundamentieren Schnellbeton nimmst, kannst du noch am gleichen Tag weiterarbeiten. Mit normalem Zement musst du unter Umständen 2–3 Tage warten, bis dieser ausgehärtet ist. Ansonsten besteht die Gefahr, dass die Fundamente reißen und du alles noch mal machen musst. Zudem benötigst du eine Atemschutzmaske, da der entstehende Staub ätzend für deine Lungen ist. Verwende dabei Handschuhe, da das Zeug auch deine Haut angreift und austrocknend wirkt.

16

Rühre jetzt den Schnellbeton oder Zement sackweise mit Wasser in einer großen Mörtelwanne an. Verarbeite ihn je nach Angabe des Herstellers oder bis die Masse von der Konsistenz einem Pfannkuchen- bis Kuchenteig gleicht.

Fülle die Masse gründlich in die Löcher. Verteile sie gut um die Robinienstämme herum und klopfe eventuelle Luftkammern mit einem Holz heraus, um sie zu verdichten.

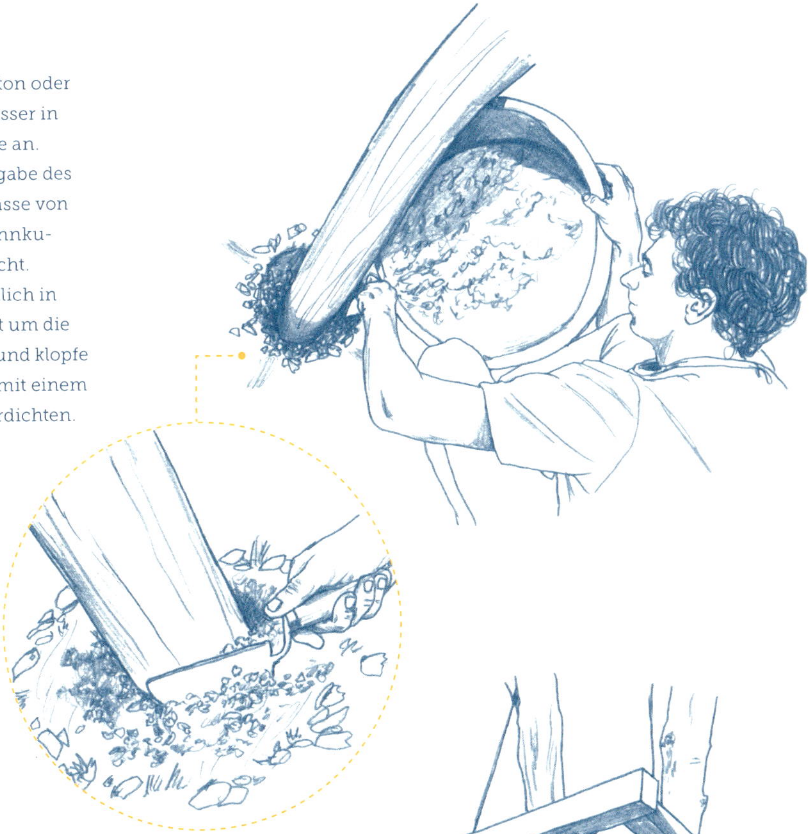

17

Das war's auch schon. Nun kannst du dir ein leckeres Getränk aufmachen und mit deinem Team auf euren Zwischenstand anstoßen. Bis die Fundamente ausgehärtet sind, sollte jetzt niemand die Plattform betreten oder an ihr arbeiten. Sonst läufst du Gefahr, dass die Robinienstämme sich in den Fundamenten locker wackeln und das Ganze nicht mehr auf sicheren Füßen steht.

18

Zur Stabilisierung der Konstruktion brauchst du noch zusätzliche Streben. Diese führen von den Robinienstämmen kreuzweise nach oben zur Plattform. So bekommst du zwei unverformbare Dreiecke, die auch die entstehenden Horizontalkräfte auf der Plattform gut abfangen werden. Sie wird so wesentlich weniger schwanken. Ein wenig Restschwankung ist durchaus gewollt, da der Baum sich bewegt und das Baumhaus mit dem Baum mitschwingen muss, um ihn in seiner Bewegungsfreiheit nicht unnötig einzuschränken.

19

Halte dafür die Robinienstrebe an die gewünschte Position. Sie sollte ca. im 45°- Winkel nach oben in Richtung des anderen Robinienstammes wegstehen. Zeichne die Stelle an, an der du die Strebe mit der Kettensäge ausnehmen musst. So liegt sie besser an, und du kannst sie gut befestigen.

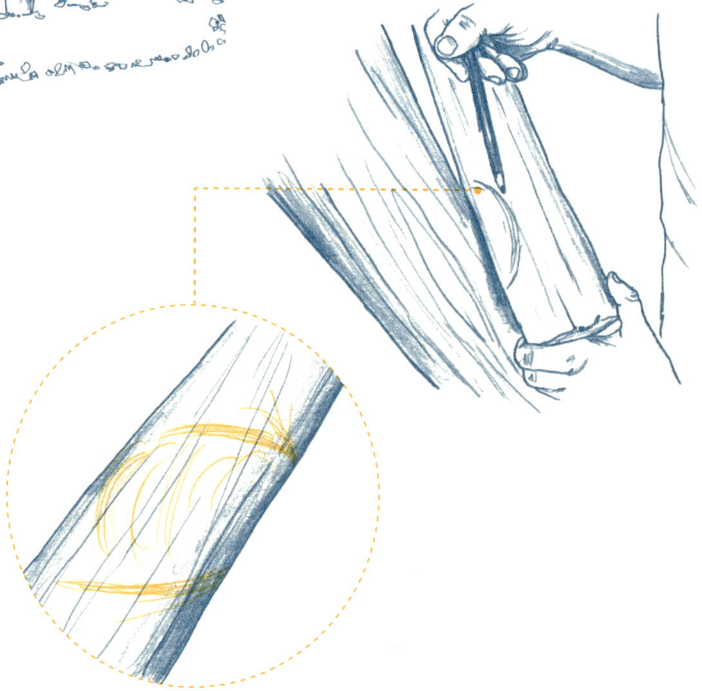

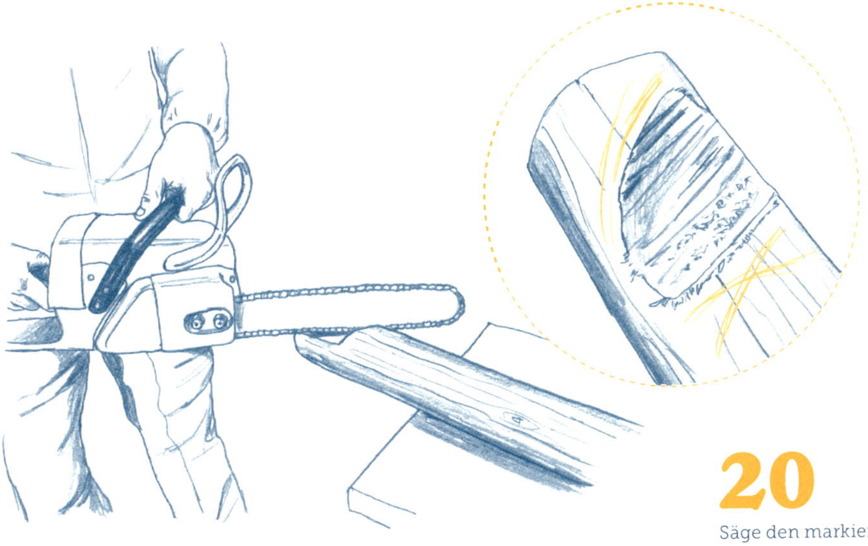

20

Säge den markierten Bereich vorsichtig weg. Kontrolliere zwischendurch immer wieder die Lage, Ausrichtung und Tiefe der bearbeiteten Stelle, indem du die Strebe wieder an ihre vorgesehene Position hältst und schaust, ob sie bereits gut sitzt.

21

Wenn alles passt, klemme die Streben mit Schraubzwingen in Position. Bohre jetzt mittig mit einem 12-mm-Bohrer durch Strebe und Stamm. Möglichst so, dass du am anderen Ende auch wieder mittig herauskommst.

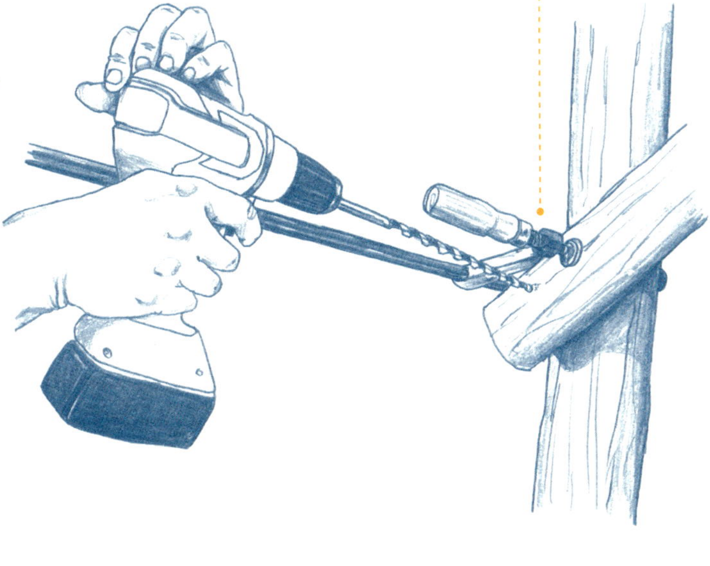

22

Flexe wieder eine M12-Gewindestange auf die passende Länge ab und stecke sie durch Robinienstamm und Strebe. Oder klopfe eine in der Länge passende Schlossschraube durch. Montiere die Unterlegscheibe und Mutter. Ziehe sie fest an, fertig.

23

Ist die Seitwärtsbewegung deiner Plattform nach einer Aussteifung durch die zusätzlichen Streben immer noch zu groß? Das heißt, fühlt es sich instabil und sehr wackelig an? Dann kannst du auch einen zusätzlichen TAB mit Festlager installieren, um die Seitwärtsbewegung abzufangen. Eine geeignete Stelle dafür ist so weit wie möglich entfernt vom ersten installierten TAB an einer ausreichend dicken Stelle des Baumstammes. Bei unserem Baumhaus wäre das die in der Abbildung gezeigte Position. Jetzt kann es mit der Plattform weitergehen (Kap. 4.1)!

3.7 Unterkonstruktion ohne Baum

Eine Unterkonstruktion mit vier Stehern erlaubt dir, dein Baumhaus auch ganz ohne Bäume dorthin zu stellen, wo du möchtest.

Natürlich kannst du es trotzdem in die Nähe von Bäumen stellen. Vielleicht lässt du sogar einen durch deine Plattform wachsen, ganz ohne dass er einen Teil des Baumhauses trägt. Je mehr Grün dein Baumhaus umgibt, desto besser. Die Bau- und Vorgehensweise ist ganz ähnlich wie in Kapitel 3.4. Der Unterschied besteht darin, dass du statt des Tragbalkens am Baum zwei weitere Steher mit Querbalken obendrauf hast, die mit zwei Verbindungsbalken mit den anderen Stehern verbunden werden. Acht Streben sorgen für die nötige Stabilität.

WERKZEUG

- Grundausstattung (s. S. 22)
- Kappsäge
- Lange Wasserwaage oder Nivelliergerät oder Schlauchwaage
- Markierspray
- Spaten, Schaufel, evtl. Spitzhacke, kleine Handschaufel, Kelle
- Mörtelwanne oder großer Eimer zum Anrühren
- Bohrer mit Rühraufsatz

MATERIAL

- Lärchenbalken 11 x 11 cm
- Lärchenriegel 6 x 11 cm
- Schnellbeton oder Zement
- Pfostenträger, möglichst höhenverstellbar
- Evtl. Messlatte oder Brett zum Verlängern der Wasserwaage
- Edelstahlschrauben:
  6 x 140 mm
- Verzinkte Schrauben:
  6 x 220 mm
  6 x 240 mm

In der Werkstatt

1

Schneide die Balken und Riegel der Unterkonstruktion nach den Angaben im Plan ab Seite 14 zu. Montiere die Gestelle der Seiten 14 und 15 im Plan komplett vor. Das Ziel dieses Kapitels ist es, eine Basis zu konstruieren, die die Plattform an vier Stellen stützt, wie rechts dargestellt.

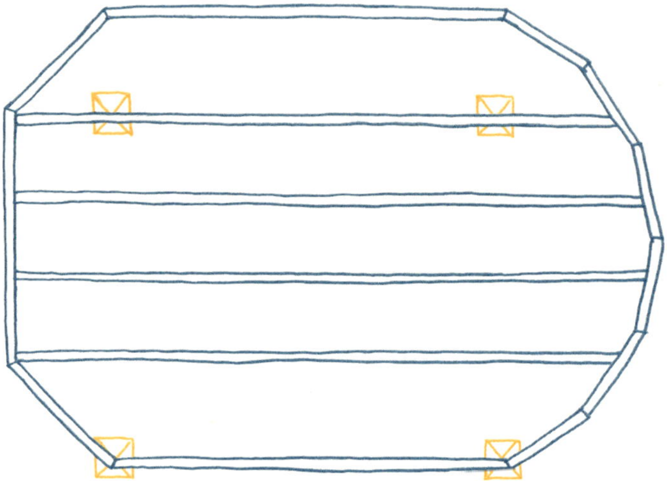

Auf der Baustelle

2

Zuerst sind die Fundamente dran. Du hast einen schönen Standort für dein Baumhaus ausgesucht. Kontrolliere, ob dort die ganze Konstruktion bis oben zur letzten Giebelspitze zu allen Seiten ausreichend Platz hat. Bedenke bei der Wahl deines Standortes auch, dass die Plattform oben zu drei Seiten seitlich über die Fundamente herausragt. Stelle also sicher, dass du dort, wo du später graben musst, auch graben kannst.

3

Grabe die Fundamente für die Unterkonstruktion in den in Schritt 4 dargestellten Abständen. Gemessen wird jeweils von Fundamentmitte zu Fundamentmitte. Jedes deiner Löcher sollte später 30–40 cm breit und 80 cm tief sein.

Die Arbeitsschritte vom Graben und Fundamentieren bis zum Befestigen der Pfostenträger auf den Fundamenten findest du in Kapitel 3.4. Wenn deine Fundamente ausgehärtet sind, geht es ans Aufstellen deiner Unterkonstruktion. Entweder ihr seid bei den folgenden Schritten zu sechst, oder du stützt deine Gestelle mit Latten und Brettern ab. Dann könnt ihr das auch zu zweit meistern.

4

Richte die beiden vorgefertigten Gestelle auf den Fundamenten auf und achte auf die richtige Ausrichtung. Die beiden mit 45° geschnittenen Enden der Querbalken müssen einander gegenüberliegen. Beide Gestelle müssen parallel zueinanderstehen, den Abstand geben die Fundamente ja bereits ungefähr vor. Die exakte lichte Weite zwischen beiden Gestellen, also die Abstände von Innenkante Steher zu Innenkante Steher, muss 250 cm betragen. Das entspricht der Länge der Verbindungsbalken 2 und 3.

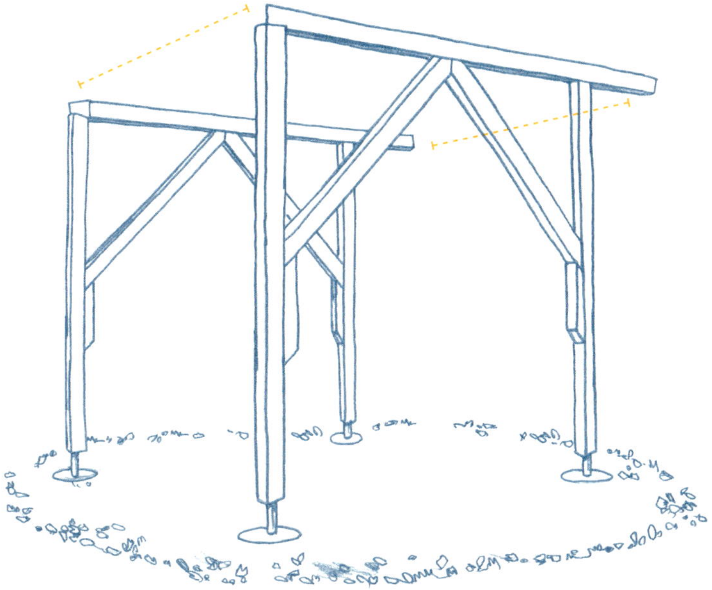

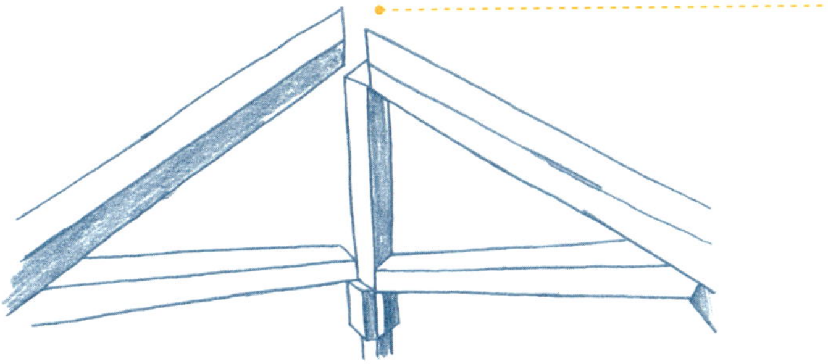

5

Verbindungsbalken Nr. 1 wird nun aufgelegt und mit 240-mm-Schrauben befestigt. Nicht vergessen, vorher zu leimen.

6

Anschließend werden die Verbindungsbalken Nr. 2 und 3 installiert. Die Position von Verbindungsbalken Nr. 2 ist genau oberhalb der beiden anderen Steher, die Position von Verbindungsbalken Nr. 3 ganz außen zwischen den Enden der beiden Querbalken. In beiden Fällen solltest du mit Balkenschuhen arbeiten. Für den Verbindungsbalken Nr. 3 gibt es den Balkenschuh auch als innenliegende Variante, da du dort auf der Außenseite nichts hast, wo du ihn festschrauben könntest.

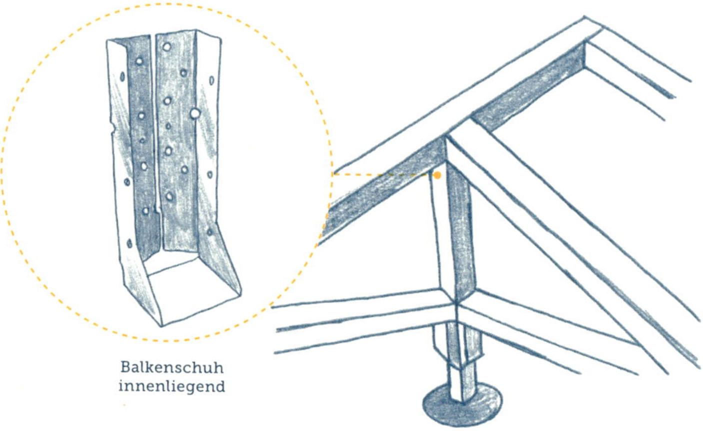

Balkenschuh innenliegend

7

Danach werden die Streben in die Knaggen eingesetzt und befestigt. Durch die im Plan definierten Positionen der Knaggen sitzen die Streben jetzt so, dass die ganze Unterkonstruktion automatisch gerade steht. Vorausgesetzt natürlich, unterschiedlich hohe Fundamentoberkanten wurden durch Ablängen der Steher vorher ausgeglichen (Kap. 3.5). Bevor du deine Plattform auflegst und befestigst, miss von einer Ecke zur gegenüberliegenden und dann von der anderen Ecke wieder zur gegenüberliegenden. So, dass du einmal kreuzweise beide diagonalen Maße der Unterkonstruktion hast. Stimmen diese Maße überein? Dann ist deine Unterkonstruktion rechtwinklig und somit bereit für die Plattform. Hast du eine Abweichung von über 5 mm? Hier empfehlen wir dir, diese durch einfaches Verrücken der Elemente zu korrigieren.

Fertig. Jetzt müssen deine Pfostenträger noch auf den Fundamenten befestigt werden (Kap. 3.4).

Als nächstes kommt deine Plattform vom Plan auf Seite 18 zum Einsatz. Befolge dazu die Schritte aus dem Kapitel 4.1 ab dem Abschnitt „Auf der Baustelle".

3.8 Unterkonstruktion mit vier Bäumen

Dieses Kapitel ist ein kleiner Ausflug zu einem Ort mit vier Bäumen, vielleicht bei dir auf dem Grundstück. Hier zeigen wir dir, wie das mit den Tragbalken in so einem Fall aussehen könnte. Das vorgestellte Grundprinzip lässt sich auf eine beliebige Anzahl von Bäumen anwenden. In Kombination mit den Methoden aus den vorigen Kapiteln hast du so alle Varianten zur Auswahl, die du benötigst, um auch in deinem konkreten Fall eine passende Lösung für deine Unterkonstruktion zu finden.

1 Nehmen wir an, wir hätten dickere Bäume und dünnere Bäume zur Verfügung. In so einem Fall wäre es empfehlenswert, den Tragbalken an den dickeren Bäumen (links im Bild) auf ein Festlager zu montieren und die Balken an den dünneren Bäumen (rechts im Bild) auf Gleitlager. Die dickeren werden sich im Wind nicht so sehr bewegen wie die dünnen. Daher bietet sich an den dünneren die Verwendung der Gleitlager eher an, um den Bäumen Platz zum Schwingen zu geben. Falls du nur etwa gleich dünne Bäume zur Verfügung hast, dann installiere die Festlager dort, wo später die größte Last aufliegen wird. Gleitlager machen dort am meisten Sinn, wo am wenigsten Gewicht aufliegt, weil der Baum dann weniger am Schwanken gehindert wird.

2

Eine Möglichkeit, die von uns geplante Plattform hier unterzubringen, wäre die unten abgebildete. Die Bäume hätten ausreichend Platz zu allen Seiten, auch wenn das Baumhaus später noch hinaufkommt. Außerdem wären die Längen der Auskragungen an allen Stellen im grünen Bereich.

3

Da das Haus selbst schon recht hoch ist, ist die Plattformhöhe mit 2,5 m nicht besonders hoch gewählt. Zudem kommt das obere Dach auch so bereits bei 5,8 m Höhe in Baumnähe. Damit befindet es sich in einer Höhe, in der der mit 40 cm Durchmesser relativ dünne Baum bei stärkerem Wind schon ordentlich in Schwingung versetzt wird.

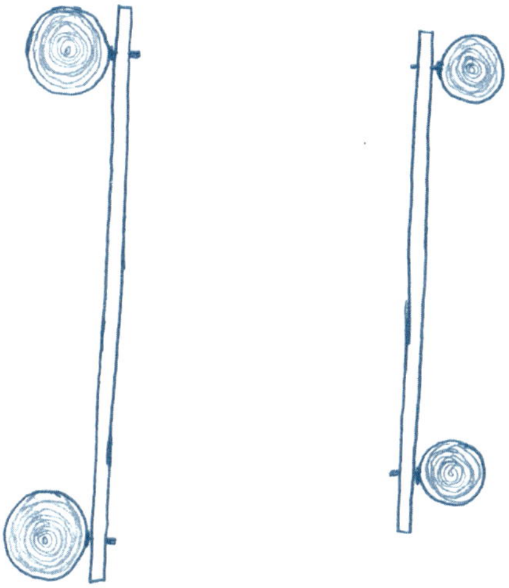

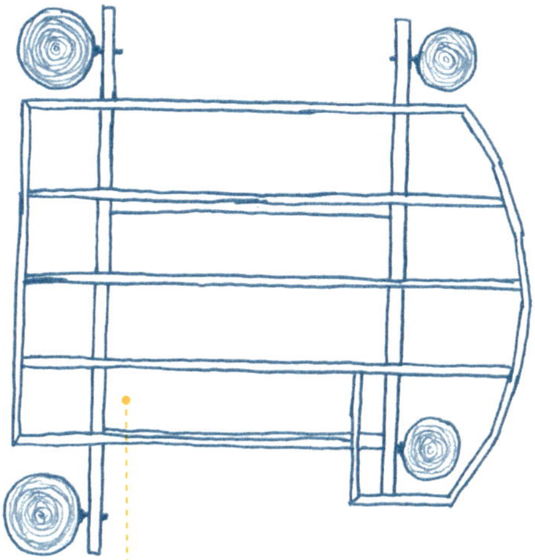

4

Die Schrauben sitzen auch hier (wie auf Seite 43 gezeigt) zentral im Stamm, zielen zur Stammmitte und liegen rechtwinklig zu den aufliegenden Tragbalken.

5

Der Tragbalken rechts im Bild liegt auf einem Festlager und einem Gleitlager, der Tragbalken links im Bild nur auf Gleitlagern. So können sich die dünneren Bäume rechts im Bild bei Wind noch mehr bewegen.

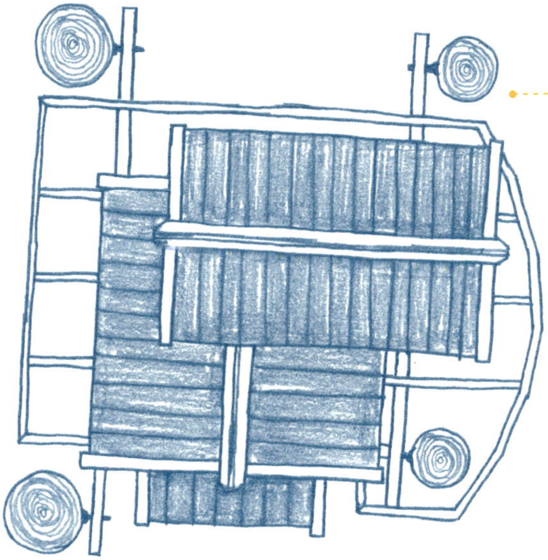

6

Hier siehst du, wie den Bäumen ausreichend Abstand zu allen Seiten gelassen wurde.

Nun hast du eine stabile Basis für deine Plattform. Das wichtigste Fundament für dein Baumhaus ist also gelegt. Bis zu diesem Schritt hat es sich vielleicht wie eine Ewigkeit angefühlt, und das sichtbare Ergebnis wirkt im Gegensatz dazu gering. Aber vertraue uns, ab jetzt geht es schneller voran.

4

Das Baumhaus

4.1 Plattform

Als Nächstes lernst du, die Plattform zu bauen. Dann zeigen wir dir, wie du sie mit Bodenbrettern belegst, damit du dich sicher darauf bewegen kannst und dein Baumhaus eine Fläche hat, auf der es stehen kann. Bei unserem Baumhaus besteht die Plattform aus Lärchenriegeln mit dem Querschnitt 6 x 12 cm.

WERKZEUG

- Grundausstattung (s. S. 22)
- Kappsäge
- Arbeitstisch
- Stemmeisen
- Latte (mind. 2 m lang) oder Schlagschnur
- Tauchsäge und Schiene oder
- Handkreissäge

MATERIAL

- Lärchenriegel auf Maß gehobelt im Querschnitt 6 x 12 cm
- Lärchenbretter 2,5 x 19 cm für den Bodenbelag
- Balkenschuhe für Riegel:
  6 x 12 cm
- Edelstahlschrauben:
  5 x 70 mm
  6 x 120 mm
  6 x 140 mm
- Verzinkte Schrauben:
  6 x 120 mm
  6 x 220 mm
- Winkelbeschlagschrauben:
  6 x 240 mm

Für deinen Nachwuchs gibt es ab jetzt immer mehr zu tun. In diesem Kapitel kann er beim Messen und Anzeichnen helfen und dir zuarbeiten, beim Bodenverlegen gut mitmachen und die Bretter anschrauben. Es gibt viel Gelegenheit, auf den Baum zu klettern, und Zeit für eigene Projekte. Sichere Kinder auf jeden Fall mit Klettergurt und Seil auf der Plattform!

In der Werkstatt

1

Schneide dir die Teile wie im Plan auf Seite 19 zurecht. Beschrifte sie unbedingt mit ihrem jeweiligen Längenmaß auf einer Schnittfläche. So behältst du den Überblick und kannst sie nachher wieder richtig zuordnen.

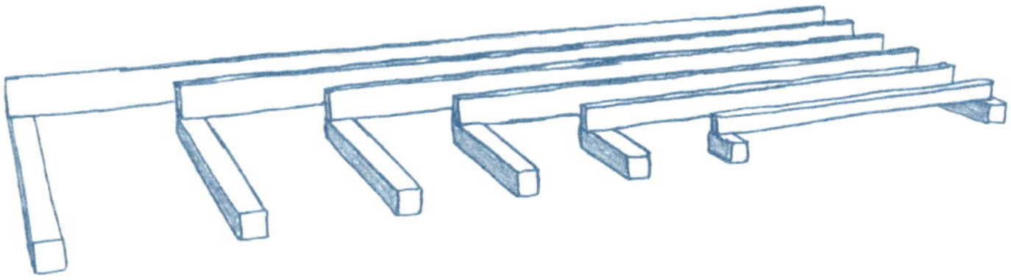

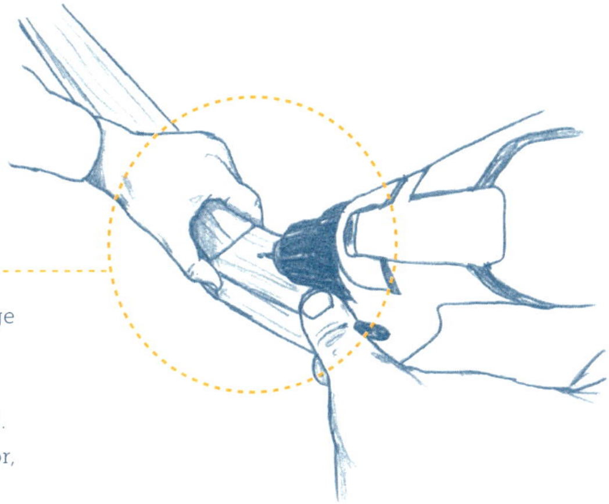

2

Sobald die Balken auf die richtige Größe zugeschnitten sind, verbinde sie mit 6 × 120-mm-Edelstahlschrauben (siehe Plan). Bohre mit einem Senkbohrer vor, damit das Holz nicht reißt und alles sauber ist.

3

Streiche ein wenig Leim auf die Flächen der Gehrungen, bevor du sie verschraubst.

☞ Wenn du dein eigenes Baumhaus selbst planst, achte auch bei der Plattform auf die maximalen Auskragungslängen bzw. Spannweiten.

Da bei deiner Plattform oft mehrere Plattformriegel nebeneinander über ihr letztes Auflager auskragen werden, z.B. am Balkon, kannst du hier die Werte in der Zeichnung um ca. 50 % verlängern. Die auftretende Last verteilt sich in diesem Fall auf mehrere Plattformriegel. Jeder einzelne muss also weniger Gewicht alleine tragen.

4

Achte darauf, dass die Teile sauber aneinander liegen und sich beim Zusammenschrauben nichts verschiebt. Am besten sicherst du beide Teile mit einer Schraubzwinge auf deiner Arbeitsfläche. So kann nichts verrutschen.

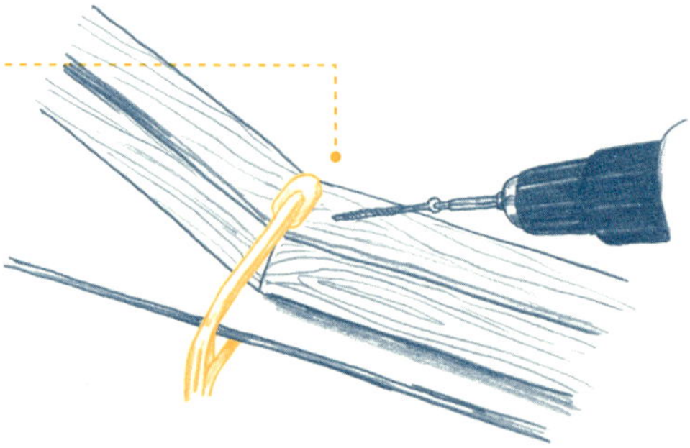

5

Sollen später Bäume durch deine Plattform wachsen, schraube zuerst nur den äußeren Kranz zusammen und lass ihn auf der kurzen geraden Seite offen (siehe Bild). So kannst du die Plattform um den Baum legen und die offene Stelle danach schließen.

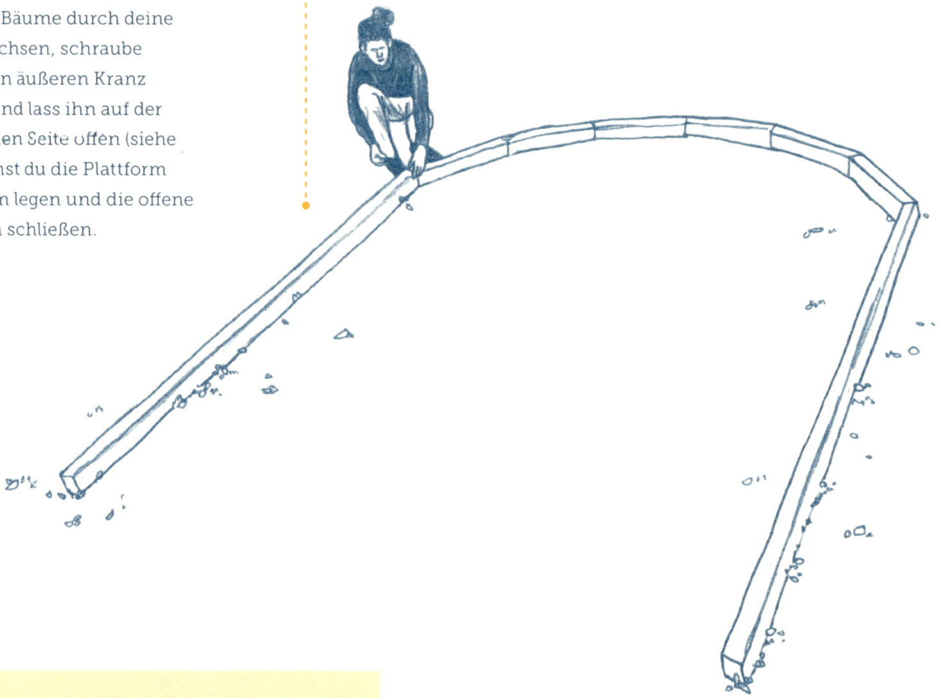

Ein kleines, aber wichtiges Detail: Arbeite am besten immer mit einer Bitverlängerung. So hast du die Schraube immer im Blick und kannst die Einschraubtiefe besser kontrollieren. Außerdem geht der Wechsel von einem Bit zum anderen schneller.

Auf der Baustelle

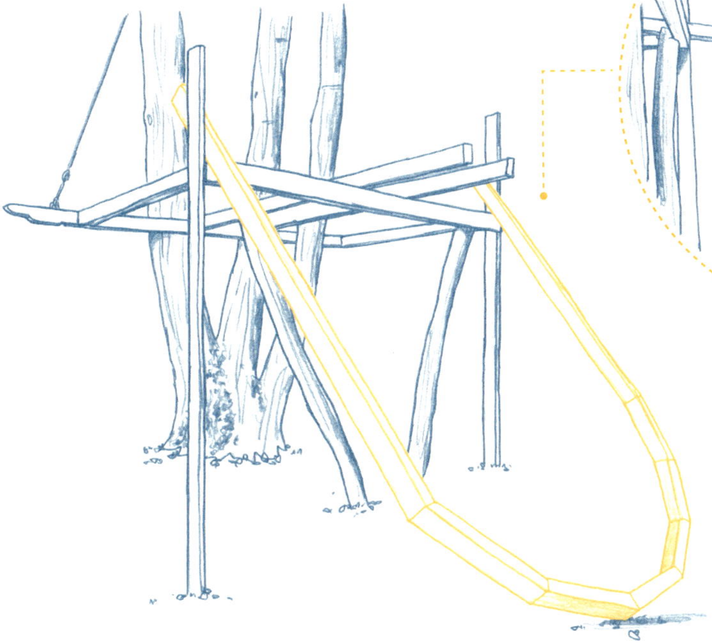

6

Schiebe jetzt das Plattformteil auf die Unterkonstruktion. Lasse dir dabei von jemandem helfen, damit die noch recht fragile Plattform dabei nicht leidet. Mit zwei langen Brettern kannst du dir links und rechts eine Begrenzung bauen. So kann die Plattform nicht seitlich herunterrutschen, wenn du sie installierst. Schiebe dann die hinten offene Plattform auf die Unterkonstruktion und um die Bäume herum.

7

Zeichne die Position der Plattform auf der Unterkonstruktion an und schiebe die Plattform in Position. Die äußeren geraden Riegel liegen parallel und außen bündig auf den Verbindungsbalken. Die im Plan auf Seite 19 mit „Ecke 1 und 2" bezeichneten Plattform-Ecken liegen genau auf der Vorderkante des Querriegels deiner Unterkonstruktion.

Verschraube die Plattform an allen Auflagepunkten mit der Unterkonstruktion, in unserem Fall mit 6 x 220-mm-Schrauben.

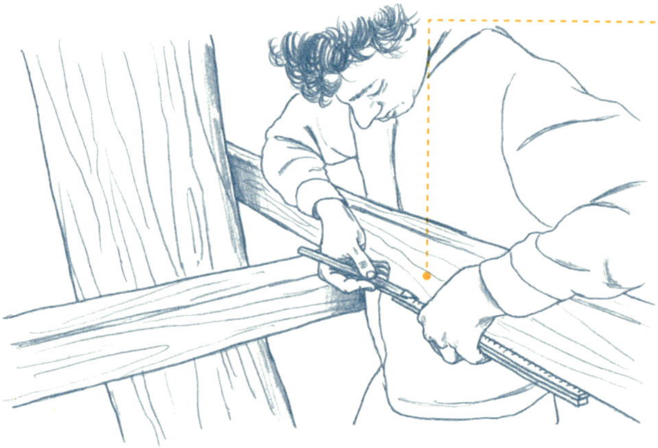

8

Lege dann die mittleren Riegel in Position (s. Montagemaße im Plan auf Seite 19) und verschraube sie mit dem vorderen Kranz der Plattform. Fixiere dafür beide Teile mit einer Schraubzwinge. Leimen nicht vergessen.

9

Bohre dann wieder vor und verschraube beide Teile mit 140-mm-Edelstahlschrauben.

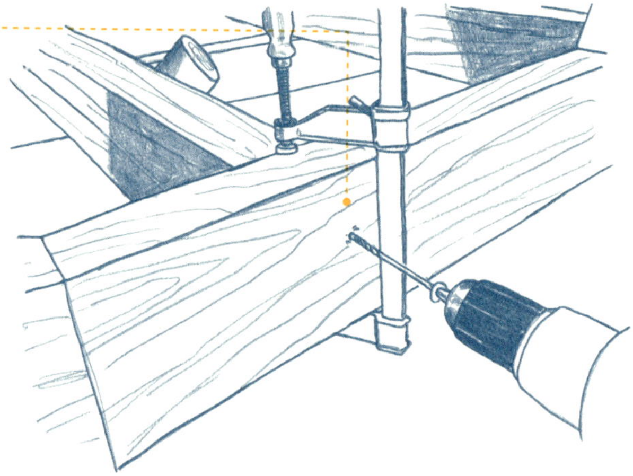

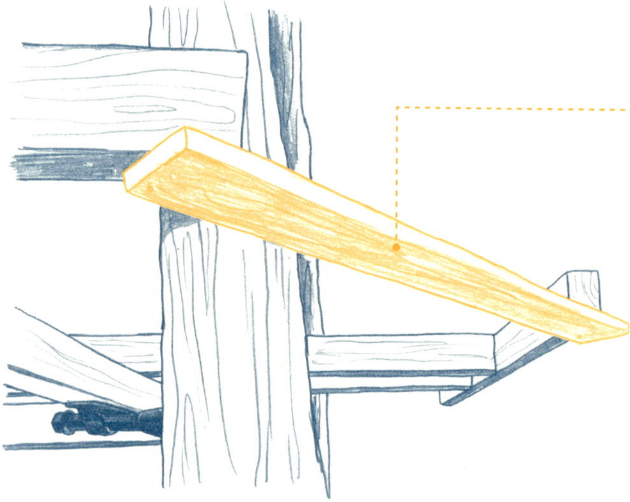

10

Montiere die restlichen Teile der Plattform wie im Plan angegeben. Schraube dir – wo nötig – von unten ein Brett als Auflager an die Balkenenden. So kannst du gemütlich arbeiten.

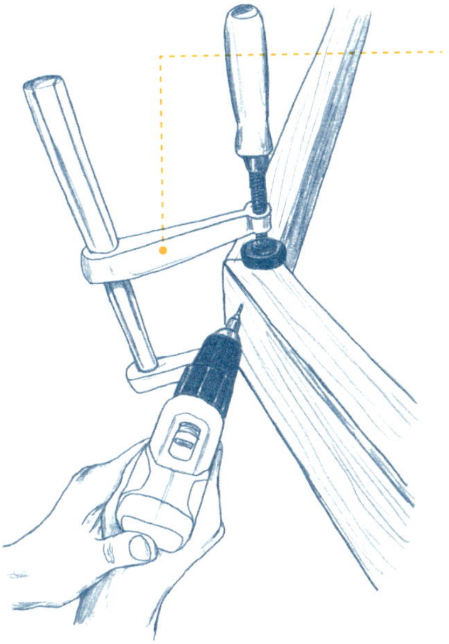

11

Nun auch hier wieder: leimen, festzwingen, vorbohren, verschrauben.

12

Um den Baum sollte überall genug Platz sein, also mindestens 15 cm. Damit kann er noch lange wachsen und sich im Wind bewegen.

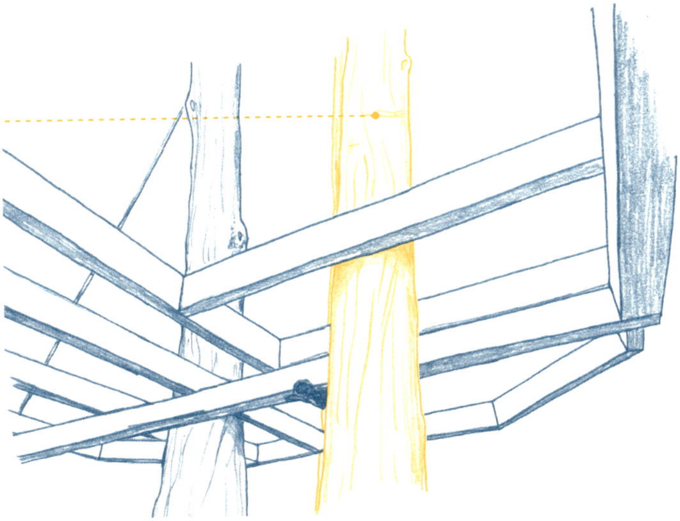

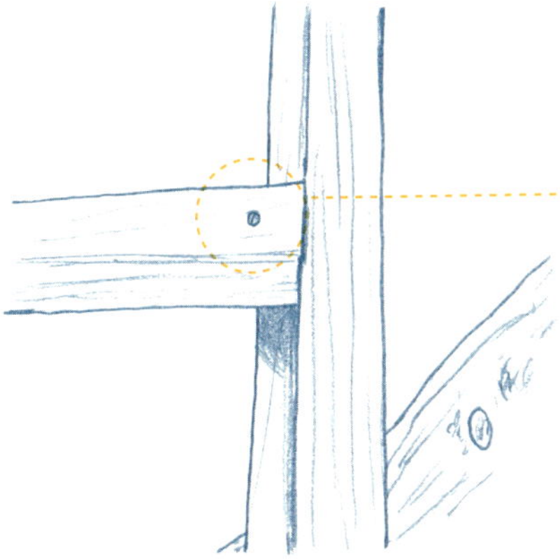

13

An vielen Stellen unseres Baumhauses liegt das mit einem anderen Teil verschraubte Balkenende mit auf der Unterkonstruktion auf. Hier ist die Verbindung von sich aus dauerhaft und stabil.

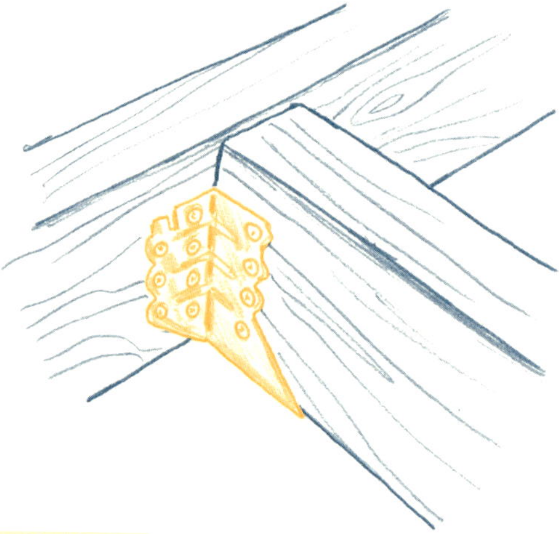

14

An Stellen, wo dem nicht so ist, verstärke die Verschraubung mit einem passenden Balkenschuh. Besonders, wenn auf der Stelle noch das Gewicht einer Wand steht. Markiere dir nun die Position des Balkens und schraube den Balkenschuh an. Am besten mit speziellen Winkelbeschlagschrauben. Diese haben einen verstärkten Hals und Schraubenköpfe, welche auf ihrer Unterseite gerade sind. So liegen sie besser am Blech des Balkenschuhs auf. Wenn du nicht gleich alle Schrauben eindrehen willst, fixiere den Balkenschuh mit je zwei Schrauben auf jeder Seite. Lege dann den Balken hinein. Fixiere auch diesen seitlich im Balkenschuh mit je zwei Schrauben. Denke daran, die restlichen Schrauben einzudrehen, wenn alle Balken liegen!

☞ Balkenschuhe kann man auch mit Ankernägeln befestigen. Sie haben den Vorteil und gleichzeitig den Nachteil, dass sie nie wieder herausgehen.

15

Fertig! Je nachdem, für welche Unterkonstruktion du dich entschieden hast, sieht deine Plattform jetzt so aus wie abgebildet. Dann gehe zurück zu Kapitel 3.4, Schritt 8 und montiere die Strebe Nr. 4. Kehre danach wieder hierher zurück und mach mit den Bodenbrettern weiter.

A

B

Oder sieht sie jetzt so aus? Dann kannst du jetzt in Kapitel 4.2 mit den Bodenbrettern weitermachen.

C

Oder die Plattform sieht so aus. Dann sind jetzt ebenfalls die Bodenbretter an der Reihe.

4.2 Bodenbretter

Jetzt geht es ans Belegen der Plattform mit den Bodenbrettern. Wir haben 2,5 x 19-cm-Lärchenbretter genommen. Du kannst aber auch schmalere oder breitere nehmen.

Nur dünner sollten sie nicht sein. Damit biegen sie sich bei Spannweiten bis zu 70 cm nicht durch und „schüsseln" (sprich: verziehen) auch weniger, wenn sie lange Wind und Wetter ausgesetzt sind.

1

Starte am besten hinten, bei der geraden Seite am Aufstieg. Damit hast du einen guten Ausgangspunkt. Außerdem ist so das erste Brett ein ganzes, wenn du die Leiter montierst, und nicht ein eventuell auf 4 cm Breite gesäumtes, weil es sich gerade so ergeben hat. Lege also das erste Brett bündig mit der Außenkante deiner Plattform auf. Dann schraube es mit 5 x 70er Edelstahlschrauben fest. Schau, dass es nur auf einer Seite übersteht: Falls es überlang ist, bekommst du später beim Abschneiden ein langes Stück, welches du vielleicht woanders noch gut verwenden kannst. Mit zwei kurzen Stücken ist hingegen nicht so viel anzufangen.

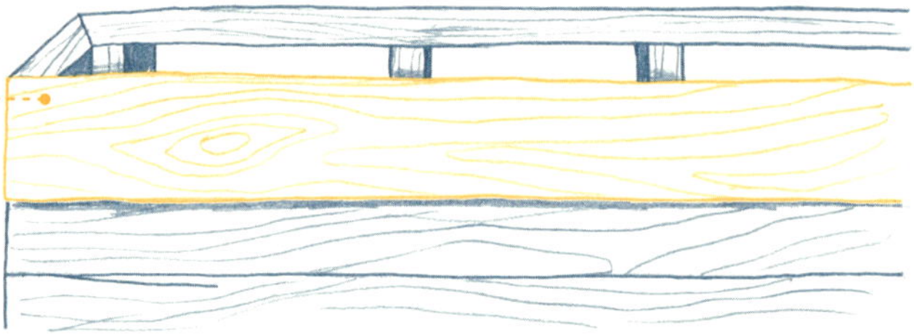

Verlege die Bretter „lächelnd", also mit der offenen Seite der Jahresringe nach oben, damit sie weniger schüsseln.

2

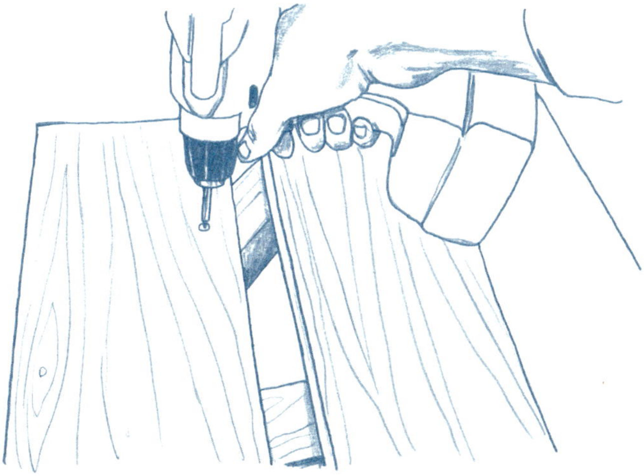

Setze die Schraube mittig über dem Plattformriegel an. Lasse etwa 3 cm zur Außenkante des Bodenbretts Platz. Wenn du zu weit außen schraubst, besteht die Gefahr, dass dein Brett reißt und du ein neues nehmen musst. Vor allem, wenn du nicht vorbohrst.

Drehe die Schraube ins Brett, bis der Kopf oben bündig mit der Brett-Oberkante ist. Je weniger tief du die Schraube hineindrehst, desto weniger Wasser kann später bei Regen im Schraubloch stehen bleiben. Arbeite im langsamen Gang deines Akkuschraubers, so kannst du die Einschraubtiefe präziser steuern. Es gibt dafür auch spezielle Tiefenanschläge, aber die paar Schrauben bekommst du auch so hin.

☞ Arbeite auch hier mit Bitverlängerung, so hast du die Schraube immer besser im Blick.

3

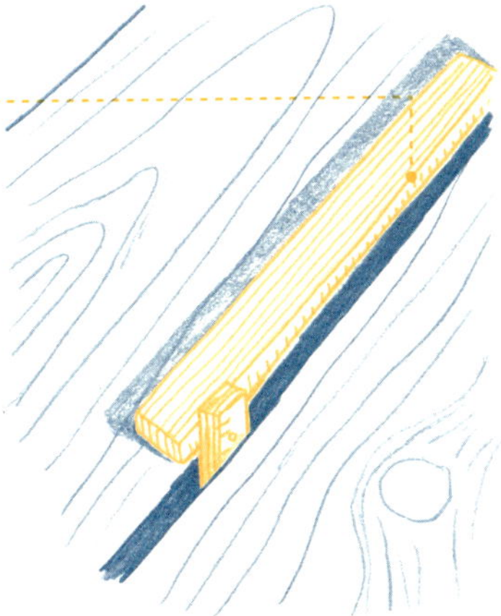

Zwischen angeschraubtem und nächstem Brett legst du dir am besten an jedem Ende einen Abstandshalter von ca. 1 cm Breite, z.B. drei Zollstock-Glieder. Damit erhältst du über die ganze Länge der Plattform einen gleichmäßigen Abstand. So ist gewährleistet, dass das Regenwasser gut abfließen kann und sich keine Staunässe bildet.

4

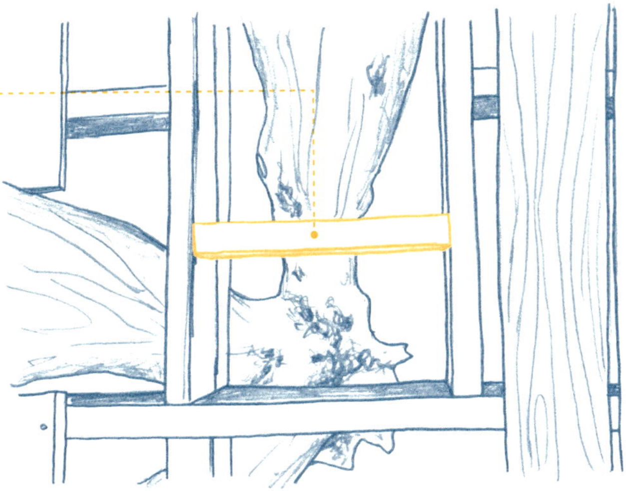

Wenn du mit deinen Brettern am Baum ankommst und siehst, dass an der Stelle noch ein Auflager für die Bretter fehlt, schneide es zu und montiere es, bevor alle Bretter aufliegen. So hängen sie später nicht in der Luft und brechen bei Belastung eventuell ab. Beachte auch hier wieder den Mindestabstand zum Baum von ca. 15 cm.

5

Spare dann den Baum beim Verlegen aus. Lege dir dazu das auszusägende Brett hin und zeichne die Rundung des Baumes darauf an.

Schneide nun mit einer Stichsäge am Strich entlang und schraube danach das Brett auf die Plattform.

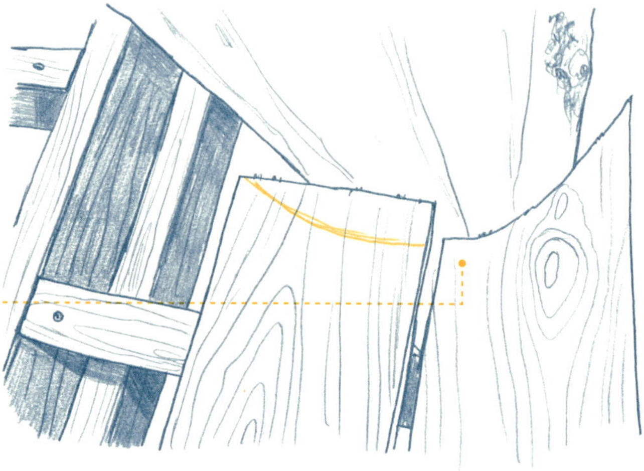

Hier reichen 5 cm Abstand. Nach einiger Zeit kannst du noch einmal mit der Stichsäge drum herum schneiden, wenn der Baum etwas gewachsen ist.

Mit einem Stemmeisen kannst du entlang der Kurve die ausgerissenen Fasern abstemmen.

Das sieht nicht nur besser aus, sondern trocknet nach einem Regenguss auch schneller.

6

Wenn du am anderen Ende deiner Plattform angekommen bist, markiere die überstehenden Enden an den Plattform-Kanten. Entweder mit einer geraden Latte oder einer Schlagschnur. Dann schneide entlang der Linie mit einer Handkreissäge ab, oder ganz komfortabel mit Tauchsäge und Schiene. Lege einfach bündig an und schneide ab.

7

Am Schluss sieht deine Plattform in etwa so aus.

Nun nimm dir Isomatte und Schlafsack und verbringe auf deiner Plattform eine Nacht unter dem Sternenhimmel. So kannst du, wenn du magst, die Plattform testen und das Baumhaus vor deinem inneren Auge entstehen lassen. Vielleicht fällt dir auch im Traum noch das ein oder andere Detail ein, das du noch einbauen möchtest. (Das ist uns durchaus schon mehrmals passiert.)

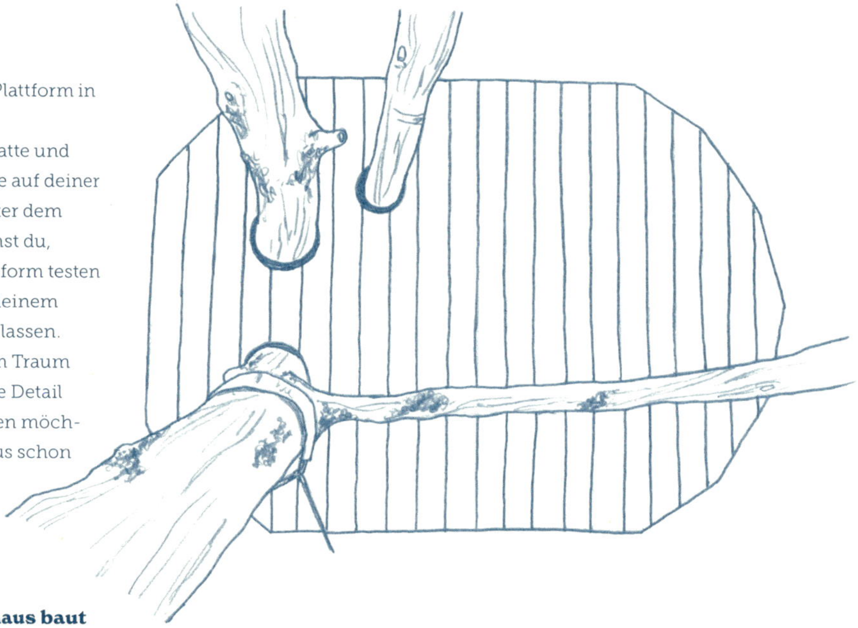

4.3
Wände

Wunderbar, die Plattform steht! Vielleicht hast du sie schon mit einer Übernachtung unter der Baumkrone, Yoga am frühen Morgen oder in lustiger Runde mit leckeren Getränken eingeweiht?

WERKZEUG

- Grundausstattung (s. S. 22)
- Oberfräse mit Bündigfräser
- Handkreis- oder Tauchsäge
- Evtl. Spanngurt

MATERIAL

- Fichte KVH (Konstruktionsvollholz), d.h. auf Maß gehobelte Hölzer in den Querschnitten 6 x 6 und 6 x 12 cm
- Riegel als Rampe zum Hochwuchten der Wände
- Pfetten des Untergeschosses vom Plan Seite 41
- 20-mm-Lärchenbretter für die Außenschalung
- 25-mm-Lärchenbretter für die Außenfensterrahmen
- Edelstahlschrauben:
  4 x 50 mm
  5 x 70 mm für die Außenschalung
- Verzinkte Schrauben:
  6 x 120 mm
  6 x 220 mm
  6 x 240 mm
- Kompressor
- Nagelpistole
- Coilnägel Edelstahl 65 mm

Ohne Baumhaus hast du natürlich noch den direkten Kontakt mit dem Baum, der Flora und Fauna. Möglicherweise werden hier ein paar Baumhausbauer*innen aufhören und gleich zu den Abschnitten „Geländer und Leiter" (4.14, 4.15 und 4.16) springen, falls sie die Plattform weiterhin unter freiem Himmel genießen möchten, sei es als Meditationsfläche, zum Sport, zum Übernachten oder zum Musikmachen. Alle anderen erfahren in diesem Kapitel, wie man die Wände des Baumhauses zusammenbaut.

Die Wände unseres Baumhauses bestehen alle aus Fichtenriegeln in den Maßen 6 x 6 und 6 x 12 cm. Beim Baumhausbau hat sich dies als eine stabile und dennoch verhältnismäßig leichte Bauweise bewährt. Eine ausreichende Dämmung in den Freiräumen zwischen den Riegeln, z. B. mit 6 cm dicken Holzfaserdämmplatten, ist so auch möglich. Dabei sind die einzelnen Wände gewichtsmäßig noch tragbar. Wenn du diese erst auf der Plattform zusammenschraubst und danach die Außenschalung anbringst, sind sie noch leichter. Eventuelle Fehler bei der Vorfertigung der Wände lassen sich so besser ausbessern. Allerdings ist das Belegen mit Brettern an stehenden Wänden in der Höhe auf einer Plattform auch nicht ganz einfach. Besonders, wenn die Wand ganz am Rand steht und du von einer Leiter aus arbeiten musst. Mache es dir leichter und baue die fertigen Wände zuerst einmal am Boden zusammen. So stellst du sicher, dass auch alles zueinander passt und nichts fehlt. Damit kannst du eventuell Fehler korrigieren und musst nicht alles erst umständlich auf deine Plattform hinauf- und wieder herunterschaffen.

Das Aufstellen und Zusammenschrauben der Wände nimmt meist einen ganzen Tag in Anspruch. Am Ende dieses Tages ist dann auf einmal das ganze Baumhaus sichtbar. So viel wie an diesem Tag wird sich auf deiner Baustelle nie wieder tun. Morgens ist nur die leere Plattform zu sehen, und abends stehst du mit deinem Team wahrscheinlich schon im Haus und stößt auf das vollbrachte Werk an. Bis dahin gibt es aber noch einiges zu tun, also los!

In der Werkstatt kann dich dein Nachwuchs beim Messen und Anzeichnen unterstützen. Das Aufstellen der Wände auf der Plattform ist nicht ganz ungefährlich. Schwere Teile werden dort verschoben und montiert, während das Geländer noch nicht installiert ist. Kinder können aber am Boden mithelfen, indem sie z. B. die richtige Reihenfolge der Wände überwachen und die Wände zur Rampe mittragen. Wenn alle Wände stehen, können sie dich beim Einbau der Fenster und Türen unterstützen.

A

So sehen die Wandrahmen des Hauses später zusammenmontiert aus. Die Nummerierung der Wände entspricht der auf Seite 20 im Plan

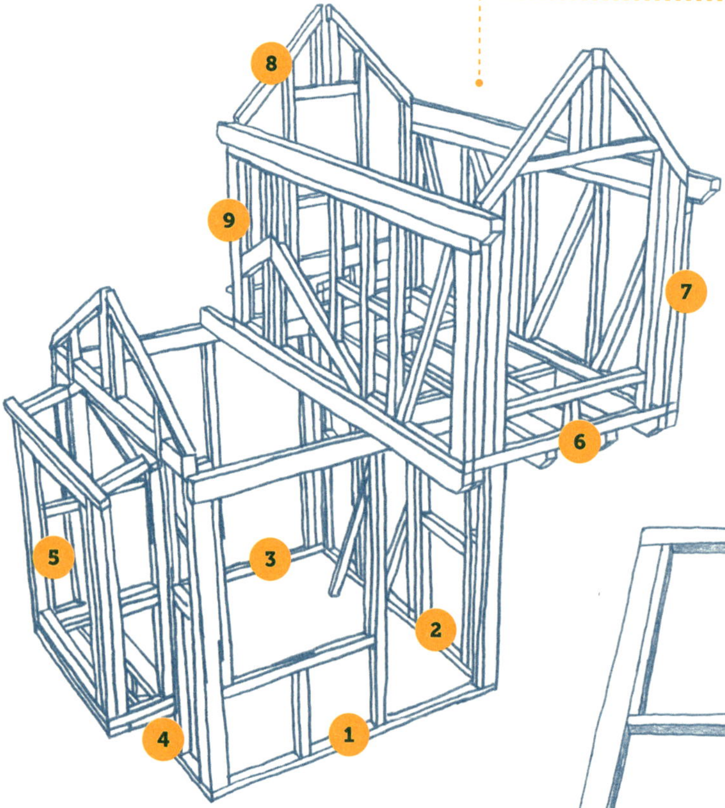

Du siehst, eigentlich sind es zwei Häuser, die übereinandergestapelt sind. Bei unserem Baumhaus haben wir Fenster, die aus einem alten Bauernhaus ausgebaut wurden, wiederverwendet. Es ist unwahrscheinlich, dass du Fenster in genau der gleichen Größe findest. Wenn nötig, passe die Fensterausschnitte in den Wänden für deine Fenster entsprechend an. Baue die Fensteröffnung jeweils um 0,5 cm größer als dein Fenster, damit dieses auch wirklich reinpasst. Der äußere Fensterrahmen verschließt später die kleine Lücke zwischen Fenster und Fensteröffnung im Wandrahmen.

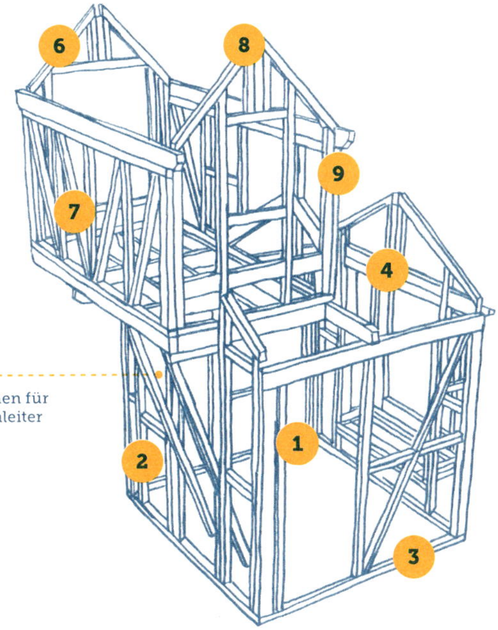

Prinzipiell kannst du natürlich auch nur das halbe Haus bauen und auf den ersten Stock verzichten. So hast du zwar nur halb so viel Platz, dafür aber auch nur halb so viel Arbeit. Ersetze dazu die Wand Nr. 2 durch die Wand Nr. 4. Diese baust du dann zweimal, einmal auf der anderen Seite verschalt.

B

So sieht es aus, wenn du den Fenstererker einfach auf die andere Seite kopierst.

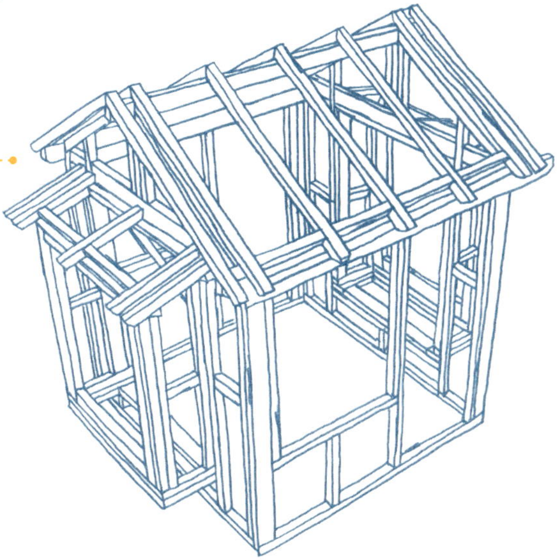

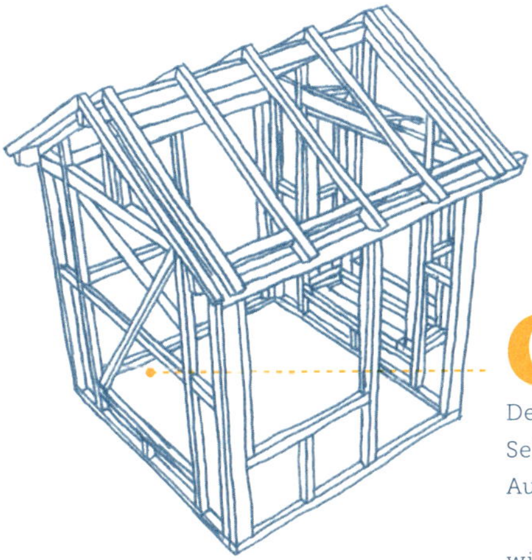

C

Den Erker kannst du auf einer Seite auch weglassen und den Ausschnitt einfach zuschalen.

Oder baue ein Fenster ein, ganz wie du möchtest. Allerdings empfehlen wir dann, die Wand etwas zu ändern, sodass nicht einfach der große Erker-Ausschnitt leer bleibt. Setze z. B. eine Querstrebe in den leer bleibenden Ausschnitt, um die Wand zusätzlich zu stabilisieren. Verlängere dann die Firstpfette entsprechend, schneide ein paar Sparren mehr und passe die Zwischenräume zwischen den Sparren so an, dass sie gleichmäßig über die Dachbreite verteilt sind.

4.4 Wandrahmen

Der Aufbau der Wandrahmen ist im Prinzip immer gleich: Unten liegt ein horizontaler Bodenriegel, auf den senkrechte Steher montiert sind. Querstreben stabilisieren in größeren Zwischenräumen die Wand und sorgen für die Rechtwinkligkeit des Ganzen. Zusätzliche Streben bieten Befestigungsmöglichkeiten für Innen- und Außenschalung.

A

Bei den Traufwänden ist oben ebenfalls ein horizontaler Riegel montiert, auf dem die Fußpfette befestigt wird.

B

Bei den Giebelwänden sind die oberen Riegel in Dachneigung montiert. Auf deren Oberseite liegen später Sparren auf.

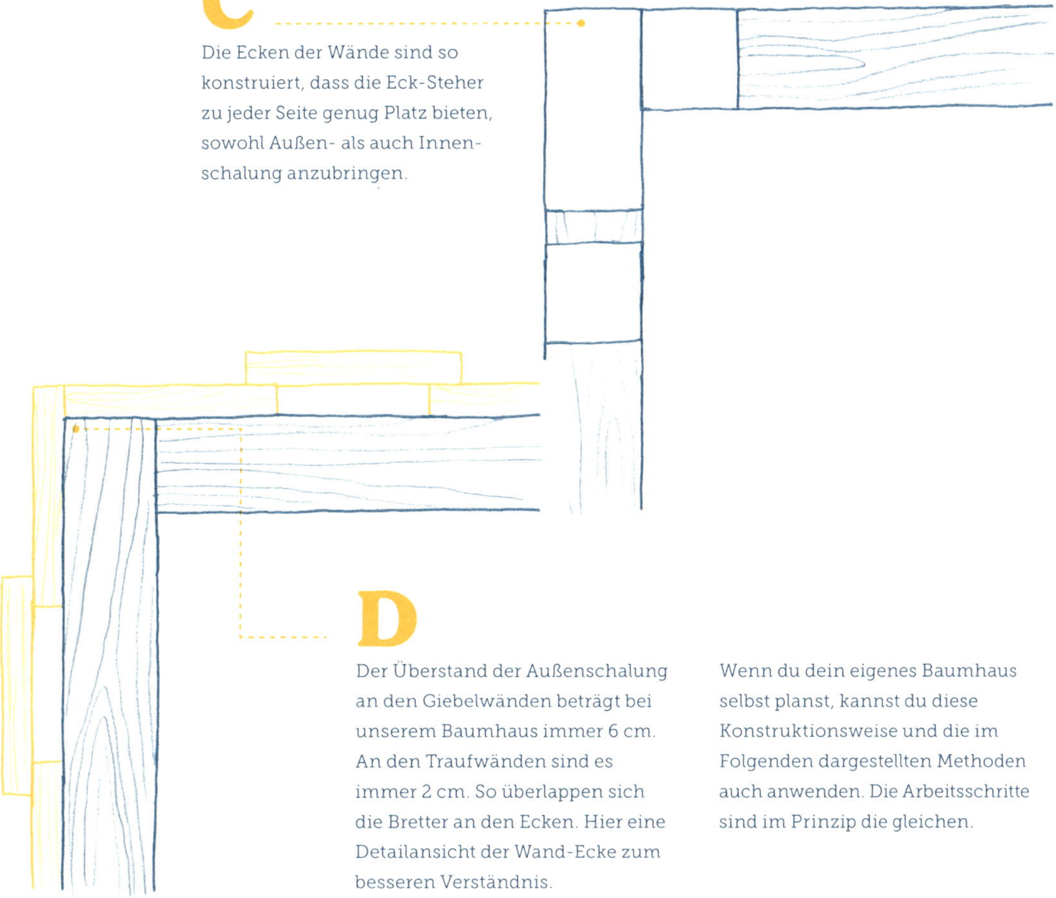

C

Die Ecken der Wände sind so konstruiert, dass die Eck-Steher zu jeder Seite genug Platz bieten, sowohl Außen- als auch Innenschalung anzubringen.

D

Der Überstand der Außenschalung an den Giebelwänden beträgt bei unserem Baumhaus immer 6 cm. An den Traufwänden sind es immer 2 cm. So überlappen sich die Bretter an den Ecken. Hier eine Detailansicht der Wand-Ecke zum besseren Verständnis.

Wenn du dein eigenes Baumhaus selbst planst, kannst du diese Konstruktionsweise und die im Folgenden dargestellten Methoden auch anwenden. Die Arbeitsschritte sind im Prinzip die gleichen.

In der Werkstatt

Auf den nächsten Seiten erklären wir, wie die Wände konstruiert und verkleidet werden. Hier ist zunächst eine Zusammenfassung der Schritte. Lies weiter für die ausführliche Beschreibung jeder Phase.

1. Schneide die Riegel für die Wandrahmen zurecht und beschrifte die Teile an ihren Schnittkanten mit ihren jeweiligen Längenmaßen. So kannst du sie später leichter zuordnen.
2. Montiere alle Wandrahmen vor.
3. Schraube alle Wandrahmen zur Kontrolle einmal zusammen.
4. Verkleide alle Wandrahmen mit Außenschalung.
5. Schraube die verkleideten Wandrahmen noch mal zur Kontrolle zusammen.
6. Ab auf die Plattform damit!

Gleich vorab eine Ausnahme der folgenden Arbeitsschritte: die Wand Nr. 9, im Plan auf Seite 34. Installiere hier vor der Außenschalung ein Kehlblech. Dieses dient als Ablauf für das untere Dach, das an dieser Stelle auf die Wand trifft (s. Kap. 4.10). Belege also die Wand Nr. 9 unbedingt *vor Ort*. Aber erst, wenn der Wandrahmen an seinem Platz montiert ist und das Kehlblech auf der Sichtschalung und der Folie des andockenden Daches aufliegt. Davor kannst du aber die Außenschalungsbretter schon einmal „trocken“ auflegen und zuschneiden, sodass du sie oben nur noch anschrauben musst. Nummeriere sie unbedingt, da die Bretter fast alle unterschiedlich lang sind und jedes seinen speziellen Platz hat.

1

Schneide nun die Riegel für jede Wand zu. Lege sie auf eine große, ebene Arbeitsfläche und schraube sie so zusammen wie im Plan dargestellt. Beschrifte jede Wand mit ihrer Nummer aus dem Plan, damit du sie später nicht verwechselst. Markiere auch die später zu verkleidende Außenseite. Das ist im Plan immer die dir zugewandte Seite. Lagere die Wände irgendwo zwischen. Wenn alle Wandrahmen gebaut sind, schraube das ganze Haus einmal am Boden zusammen. So siehst du, ob alles zusammenpasst, bevor du die Außenschalung anbringst und dir so die Möglichkeit zur Korrektur erschwerst.

2

Markiere beim Zusammenbauen immer präzise die Positionen der Riegel zueinander (nach dem Plan).

Fixiere beide zu verschraubenden Teile mit einer Schraubzwinge, wenn nötig.

Und schon kann die Schraube hinein. Verzinkte 120-mm-Schrauben sind hier meist das Mittel der Wahl, außer du musst einen 12-cm-Riegel anschrauben. Dann musst du natürlich entsprechend längere Schrauben wählen. Vorbohren musst du für die 120-mm-Schrauben in der Regel nicht, Fichtenholz ist relativ weich und reißt im Querschnitt 6 x 6 cm auch nicht so leicht. Bei Verwendung von längeren Schrauben ab 140 mm bohre allerdings lieber vor. Das schont deinen Akkuschrauber.

3

Wenn du durch einen 6 x 12-cm-Riegel in einen senkrecht ankommenden anderen Riegel schraubst, sollten deine Schrauben mindestens doppelt so lang sein, wie der der Riegel breit ist, also 24 cm. Wenn du keine 240-mm-Schrauben parat hast, bohre mit einem Holzbohrer, der ungefähr die Dicke des Schraubenkopfs hat, einige Zentimeter vor. Dieses sogenannte „Taschenloch" verringert die Strecke im ersten Riegel. Außerdem lässt es die Schraube mit ihrem Gewindeteil im zweiten Riegel tiefer eindringen. So erhältst du eine stabilere Verbindung.

Zum Hineindrehen der Schraube brauchst du dann eine Bitverlängerung, die lang genug ist, um die Schraube durch das Taschenloch bis zum Ende fest anziehen zu können.

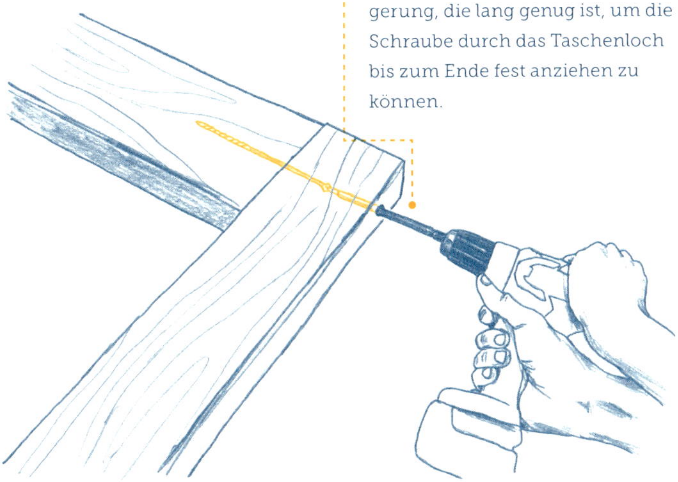

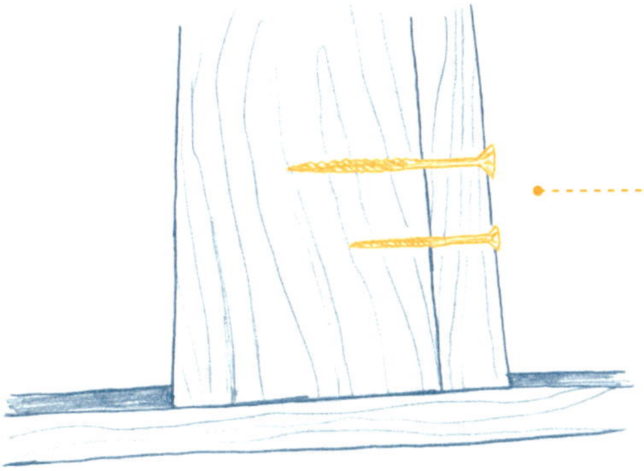

4

Idealerweise ist bei jeder Schraubverbindung das komplette Gewinde im zweiten Bauteil und zieht so das erste Bauteil fest zu sich. Siehe obere Schraube im Bild.

Manchmal geht es aber nicht anders, ansonsten wäre die Schraube einfach zu lang.

☞ Achte beim Zusammenschrauben der Wände gleich darauf, dass eventuell vorhandene Markierungen vom Sägewerk oder von Lieferanten danach von innen nicht zu sehen sind. Dann musst du sie nicht mühsam wegschleifen. Lass sie also nach außen zeigen, wenn du wie wir innen keine Wandverkleidung vorgesehen hast.

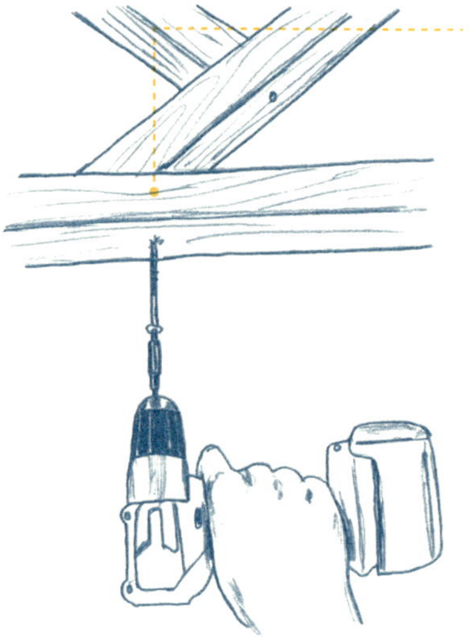

5

Wenn du einen schräg geschnittenen Riegel anschraubst, setze die Schraube möglichst senkrecht zur Schnittfläche an. Dann greift die Schraube besser, und beide Teile verschieben sich nicht zueinander.

Manchmal geht das nicht. Dann fixiere beide Teile wieder mit einer Schraubzwinge und verschraube sie so. So vermeidest du, dass sich beide Teile gegeneinander verschieben.

6

Bohre bei solchen schrägen Verbindungen immer vor. So geht die Schraube besser hinein. Außerdem verschwindet der Schraubenkopf danach im Holz, ohne ein hässliches ausgefranstes Loch zu hinterlassen.

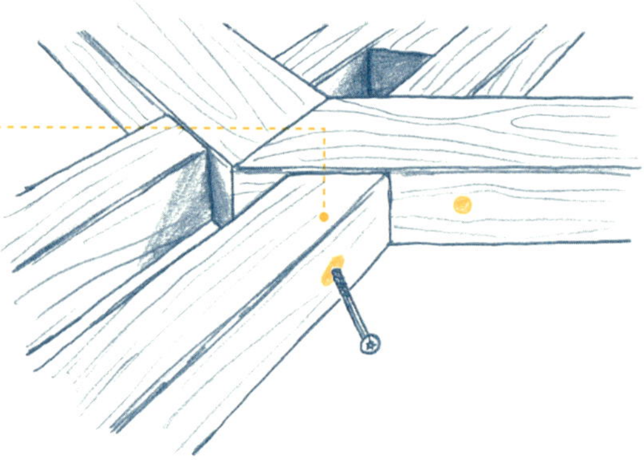

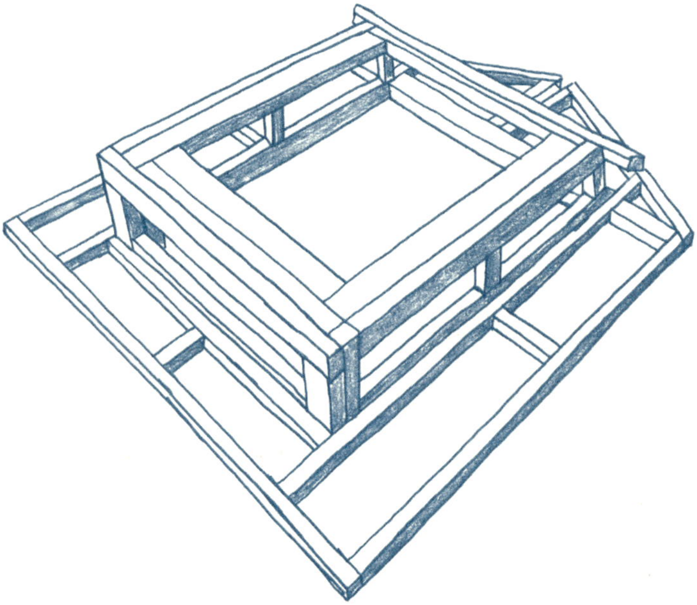

7

Schraube zwischendurch immer mal ein paar Wandrahmen zusammen, um zu sehen, ob alles richtig geschnitten und zusammengebaut wurde. Bei der Erkerwand macht es auch Sinn, sie mit eingebautem Erker gemeinsam zu verkleiden. Achte nur darauf, dass du später noch an die Schrauben kommst, die die Wandrahmen zusammenhalten. Sonst musst du das ganze Paket am Stück auf die Plattform wuchten, das wäre dann zu schwer.

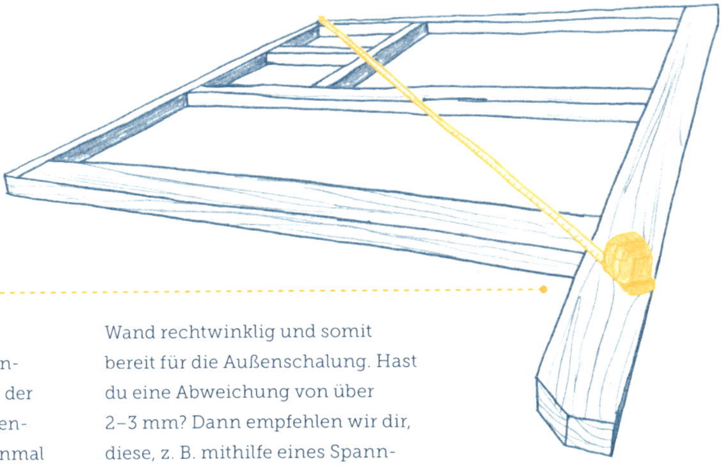

8

Bist du mit einer Wand fertig, miss von einer Ecke zur gegenüberliegenden und dann von der anderen Ecke wieder zur gegenüberliegenden. So, dass du einmal kreuzweise beide diagonalen Maße der Wand hast. Stimmen diese Maße überein, dann ist deine Wand rechtwinklig und somit bereit für die Außenschalung. Hast du eine Abweichung von über 2–3 mm? Dann empfehlen wir dir, diese, z. B. mithilfe eines Spanngurtes, zu korrigieren. So passen die Wände später gut zusammen, und das Haus wird schön gerade.

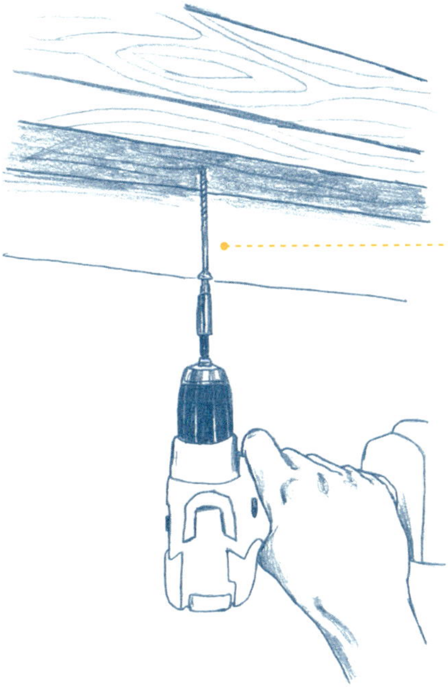

9

Schraube nun die Wand von unten an deine Arbeitsplatte. So bleibt sie in ihrer korrigierten Form und du kannst den Spanngurt abnehmen und mit dem Anbringen der Außenschalung beginnen.

4.5 Außenschalung

Hier beschreiben wir die Belegung mit Boden-Deckel-Schalung. Diese besteht erstens aus Boden-Brettern, welche als erste Lage direkt auf den Wandrahmen geschraubt werden. Zweitens aus Deckel-Brettern (oder Latten), die als zweite Lage die Lücken zwischen den mit Abstand verlegten Boden-Brettern überdecken.

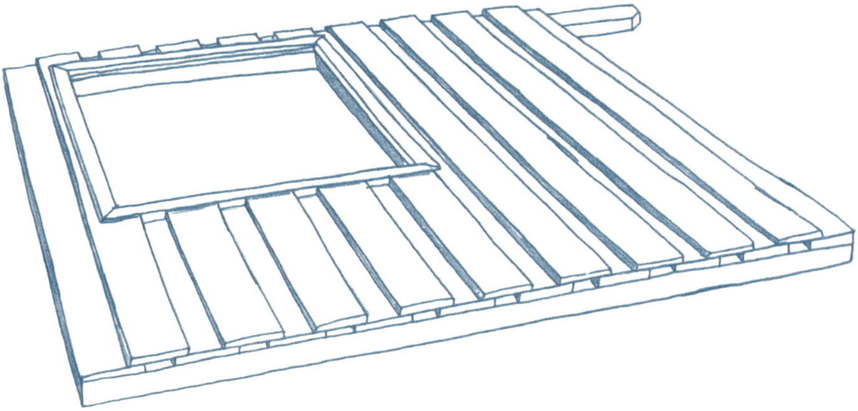

☞ Wenn du dein Haus dämmen möchtest, sieht der Wandaufbau etwas anders aus. In diesem Fall empfehlen wir, die Außenschalung auf einer Lattung anzubringen, um für eine gute Hinterlüftung zu sorgen. Dazu bringe auf den gedämmten Wandrahmen erst eine (am besten diffusionsoffene) Folie an. Dann erst kommt die Lattung und obendrauf die Außenschalung.

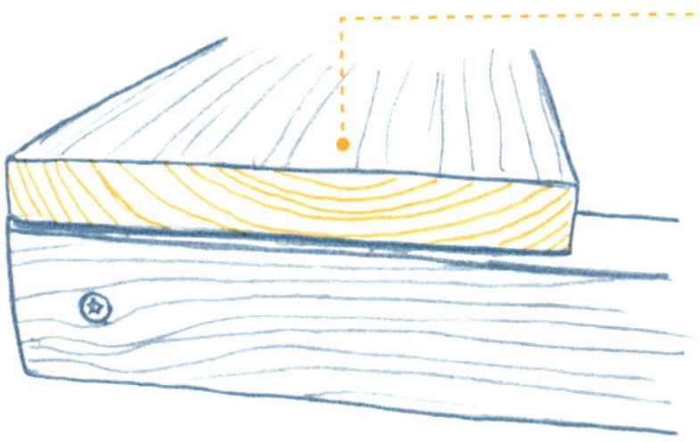

1

Die Lärchenbretter werden alle wieder lächelnd verlegt. So entstehen keine Lücken zwischen Boden-Brettern und Deckel-Brettern durch sogenanntes Schüsseln (s. S. 90). Beginne auf einer Seite der Wand, entweder mit einem Überstand oder bündig.

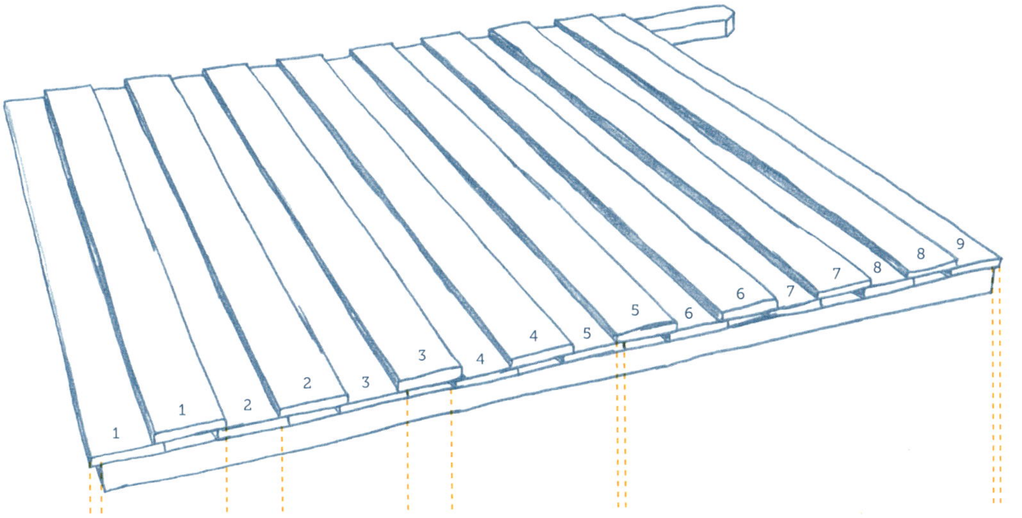

2

Ermittle nun einen über die gesamte Wandbreite gleichbleibenden und genügenden Abstand zwischen den Boden-Brettern. Dieser wird später mit den Deckel-Brettern überdeckt. Dazu musst du ein bisschen messen und rechnen.

Miss zuerst deine Brettbreite nach. In unserem Fall 14 cm. Auf jeder Seite soll das Deckel-Brett später noch ca. 2 cm aufliegen. So kannst du es gut am Boden-Brett befestigen. Also brauchst du einen Abstand zwischen deinen Boden-Brettern von ca. 10 cm (14 cm minus 2 x 2 cm).

Dann notierst du dir die Wandbreite. In diesem Fall 205 cm, wie bei Wand Nr. 1. Addiere gegebenenfalls den angegebenen Schalungsüberstand auf der entsprechenden Seite im Plan. In diesem Fall auf jeder Seite 2 cm. Insgesamt sind es also 209 cm, die du mit Boden-Deckel Schalung verkleiden musst.

Teile die Gesamtstrecke **GS** (209 cm) durch eine Brettbreite **BB** (14 cm) plus die gewünschte Lückenbreite **LB1** (10 cm). Das Ergebnis **A** ist die ungefähre Anzahl der Boden-Bretter, die du verlegen musst (8,7). Runde diesen Wert auf eine ganze Zahl (9 Stück = **A**) und multipliziere ihn mit deiner Brettbreite **BB** (14 cm). Das Ergebnis **S1** (126 cm) ziehst du von der Gesamtstrecke **GS** (209 cm) ab (= 83 cm =**S2**).

Bei 9 verlegten Brettern (**A**) hast du 8 Lücken (**L**). Du musst also die verbleibende Strecke **S2** (83 cm) durch 8 Lücken (**L**) teilen. Das Ergebnis ist die Lückenbreite **LB2** (10,38 cm) zwischen deinen Boden-Brettern. Jetzt weißt du also, wie viel Abstand du zwischen jedem Brett lassen musst, damit du über die gesamte Wandbreite gleichmäßige Abstände bekommst.
Als Überstand bleiben dir so noch 1,81 cm, genug, um die Bretter noch gut befestigen zu können.

Die Formeln sehen also zusammengefasst so aus:

GS ÷ (BB + LB1) = A
A x BB = S1
GS - S1 = S2
S2 ÷ 8 = LB2

Glückwunsch! Spätestens bei der letzten Wand ist dir diese Formel in Fleisch und Blut übergegangen, und du kannst gar nicht mehr anders, als überall Abstände auszurechnen.

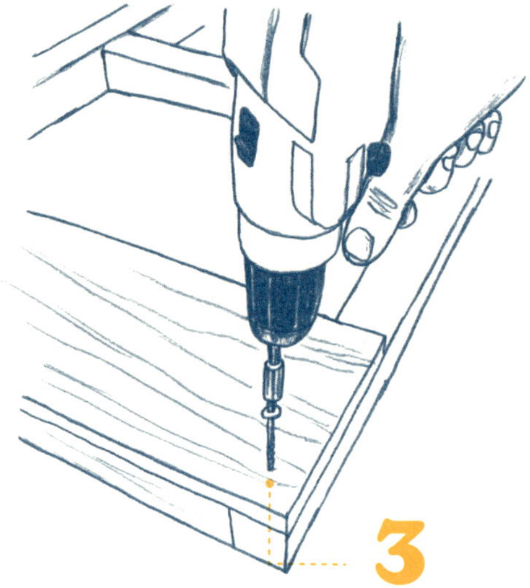

3

Schraube nun Boden-Brett für Boden-Brett mit den errechneten Abständen auf die Wand, bis du am anderen Ende ankommst. 5 x 60-mm oder 5 x 70-mm- Edelstahlschrauben sind dafür gut geeignet. Alternativ kannst du die Bretter auch mit einer Nagelpistole befestigen. Das geht wesentlich schneller. Verwende dann zumindest bei den Deckel-Brettern Edelstahlnägel.

Setze die Schrauben im Boden-Brett so nah am Rand an, dass sie vom darauf liegenden Deckel-Brett nachher überdeckt werden. Um zu vermeiden, dass das Holz reißt, vor allem an den Enden, bohre mit einem Senkkopfbohrer vor.

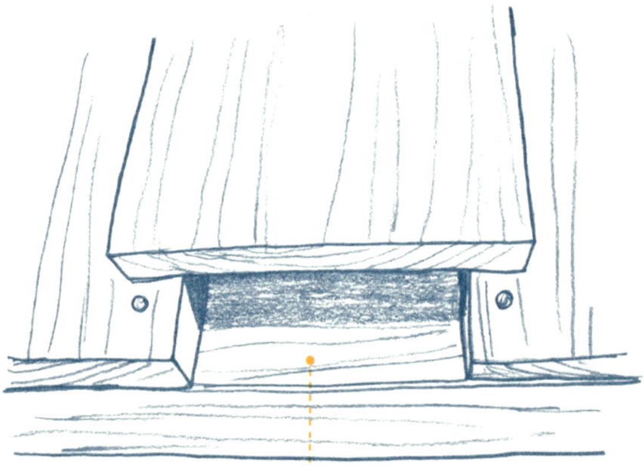

4

Die Deckel-Bretter befestigst du anschließend jeweils mittig über den Lücken.

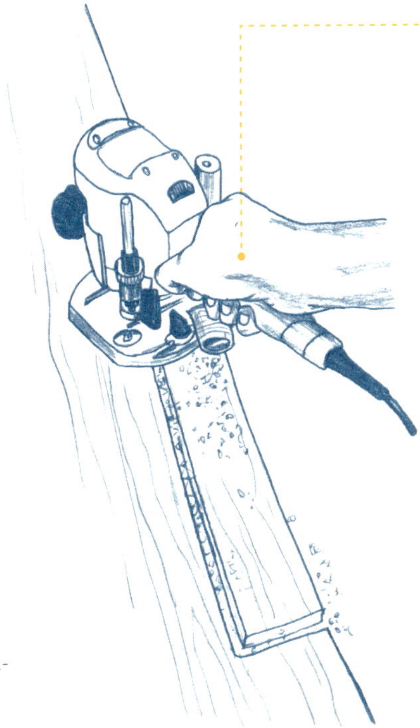

5

Irgendwann kommst du beim Verschalen der Wände zu einer Fenster- oder Türöffnung. Du kannst entweder die Boden-Bretter einfach darüberlegen und sie dann mit einem sogenannten Bündigfräser, oder einer Handkreis- oder Tauchsäge abschneiden. Für die Version mit der Oberfräse brauchst du einen entsprechenden Fräskopf, den Bündigfräser, um das Brett bündig mit der Fensteröffnung abzufräsen. Oder du schneidest die Bretter vor dem Verlegen schon auf die passende Länge.

Mit der Bündigfräse kannst du einfach an der Innenseite der Fensteröffnung entlangfahren. Die Fräse schneidet dann die Bretter entlang der Kante bündig ab.

6

Steht dir dieses praktische Werkzeug nicht zur Verfügung, kannst du die Bretter auch mit einer Stich- oder Handkreissäge, bzw. einer Tauchsäge mit Schiene abschneiden. Dazu miss die Länge des Überstands vom Brett zur Innenkante der Fensteröffnung aus und zeichne dies auf der Oberseite des Brettes an. Einmal links, einmal rechts bzw. einmal oben, einmal unten, sodass du mithilfe einer Latte eine gerade Linie mit dem Bleistift ziehen kannst, an der entlang du schneiden kannst.

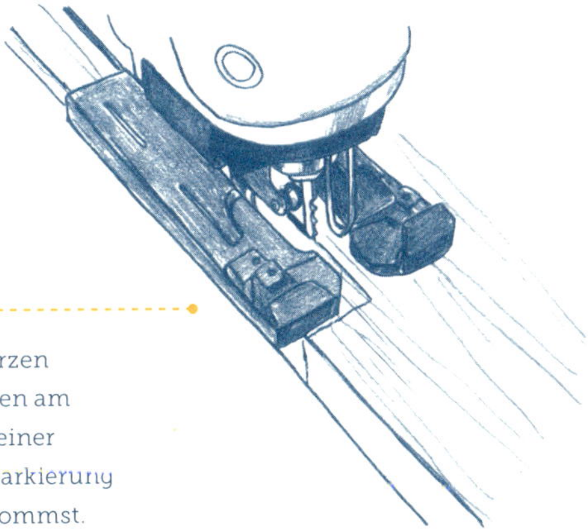

7

Schneide zuerst die kurzen Strecken oben und unten am Fensterausschnitt mit einer Stichsäge, bis du zur Markierung für den Längsschnitt kommst.

Nun lege die Schiene bündig an, wenn du eine Tauchsäge hast, und säge vorsichtig von Markierung zu Markierung.

Das restliche verbleibende Stück kannst du wieder mit der Stichsäge abschneiden.

☞ Du kannst die Bretter für deine Außenschalung natürlich auch in unregelmäßigen Abständen verlegen, das verleiht dem Baumhaus eine wildere Optik. Achte dann aber zum einen auf ausreichende Überlappung von Brett zu Brett mit mindestens 2 cm, damit die Wand dicht bleibt. Zum anderen müssen die Angaben im Plan zum Schalungs-Überstand an den Wandseiten eingehalten werden, damit am Ende alles zusammenpasst.

8

Sind die Boden-Bretter rund um die Fensteröffnung ausgeschnitten, baue erst den Fensterrahmen, bevor du die Deckel-Bretter montierst.

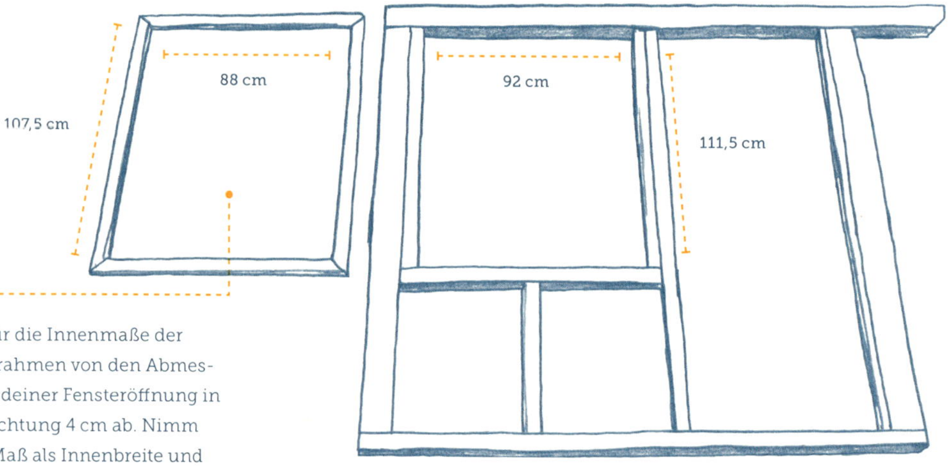

9

Ziehe für die Innenmaße der Fensterrahmen von den Abmessungen deiner Fensteröffnung in jeder Richtung 4 cm ab. Nimm dieses Maß als Innenbreite und -länge deiner Fensterrahmen, sodass diese nachfolgend auf allen Seiten jeweils 2 cm in die Fensteröffnungen hineinstehen.

10

Baue die Fensterrahmen aus einem etwas dickeren Material als die Deckel-Bretter. Zum Beispiel aus 25-mm-Lärchenbrettern. Die Deckel-Bretter sollen später mit etwas Höhenversatz rundherum schön am Rahmen anstehen. Schneide die Fensterrahmen auf Gehrung, d. h. hier im 45°-Winkel.

11

Gib etwas Leim auf die Gehrungsschnittflächen deiner Rahmenteile, bohre sie mit einem Vorbohrer mit Senkkopf vor und schraube sie zusammen.

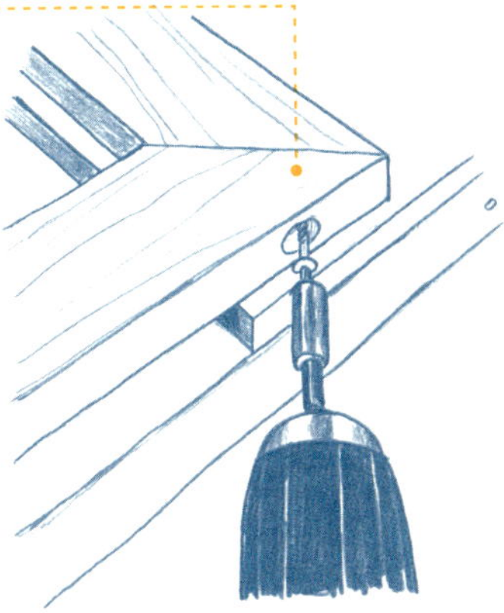

12

Schraube jetzt den Rahmen so auf die Boden-Bretter, dass er auf allen Seiten jeweils 2 cm in die Fensteröffnungen hineinsteht. Falls du wie wir Fenster inkl. Rahmen verwendest, kann so der Fensterrahmen später als Anschlag für dein Fenster dienen. Und du hast die Lücke zwischen Fenster und Fensteröffnung gleich überdeckt. Wenn du deine Fenster selbst baust, kommen in Kapitel 4.8 noch sogenannte Laibungsbretter in die Fensteröffnung, die passgenau mit dem Fensterrahmen abschließen werden.

13

Lege dann die Deckel-Bretter auf und schraube sie an. Danach schneide mit einer Handkreissäge oder Tauchsäge die überstehenden Enden an der Wandunterseite und der Wandoberseite bündig ab.

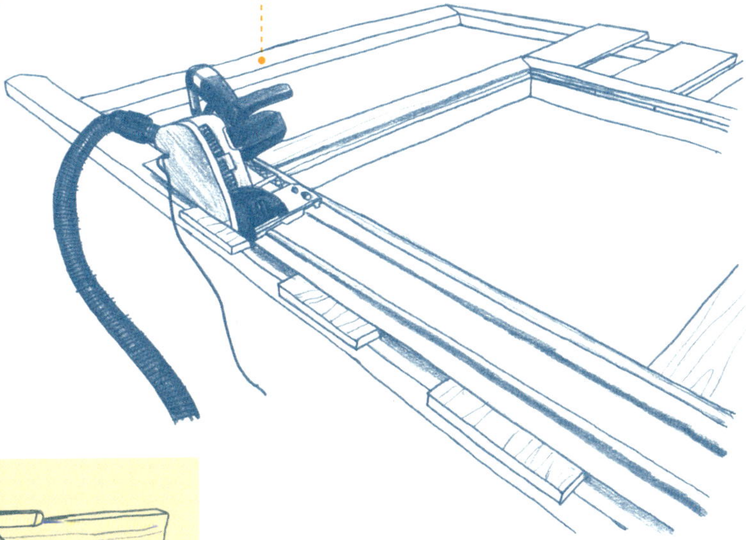

Sobald du einen Winkel anzeichnen, einen angezeichneten oder auch bereits geschnittenen Winkel abnehmen möchtest, verwendest du dafür am besten eine Schmiege. Falls du keine Schmiege zur Hand hast, kannst du auch einen Zollstock nehmen. Dieser sollte aus mehreren Gründen hochwertig sein. Einer davon ist, dass er sich in jedem eingestellten Winkel nicht so leicht verstellt.

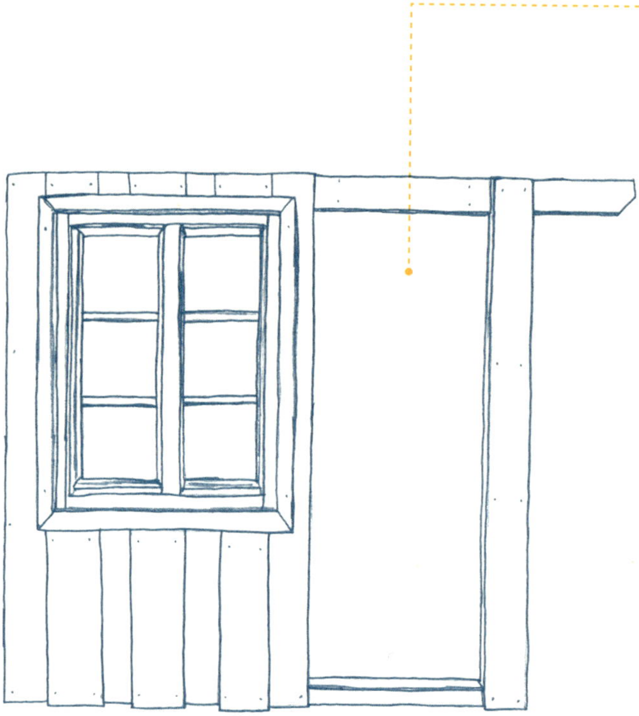

14

Bei der Türöffnung machst du es genauso wie bei der Fensteröffnung. Außer, dass an der unteren Seite, also der Schwelle, kein Rahmen hinkommt. Die beiden seitlichen Rahmenbretter laufen einfach gerade bis zum Boden. Die Türschwelle, wie sie im Bild noch zu sehen ist, kannst du für den Transport dran lassen. Dann wackelt der rechte, dünne Teil der Wand nicht lose herum. Nach dem Aufstellen der Wände kannst du die Schwelle einfach absägen, so kann zu einem späteren Zeitpunkt niemand drüber stolpern. Falls du dein Baumhaus allerdings dämmen willst, bleibt die Schwelle dran. Der Boden des Baumhauses wird in dem Fall ja ebenfalls gedämmt und erhöht sich im Inneren des Hauses um ca. 8,5 cm. Die Schwelle braucht dann noch einen kleinen Aufbau, der zur Eintrittsstufe in dein Baumhaus wird.

Der Bau der Tür wird in Kapitel 4.7 beschrieben.

15

Diese Methode wendest du nun auf alle Wände an. Beachte dabei immer die Angaben auf der entsprechenden Seite im Plan. Die Wände ohne Tür- oder Fensteröffnungen kannst du einfach von vorne bis hinten mit Brettern belegen. Wenn du mit allen Wänden fertig bist, baue das ganze Haus noch einmal am Boden zusammen. So kannst du sicherstellen, dass auch alles so zusammenpasst wie gedacht. Unten am Boden lassen sich mögliche Fehler noch viel leichter korrigieren als oben auf der Plattform. Fertig? Wunderbar.

☞ Natürlich gibt es noch weitere mögliche Varianten der Außenschalung, wie z. B. einfach horizontal überlappende Bretter oder Schwartlinge (Bretter mit Rinde an den Kanten) oder Keilstülpschalung, Rhombusleisten, usw.

Die jeweiligen Installationsmethoden unterscheiden sich teilweise von der hier beschriebenen Methode. Hier solltest du dich vorher schlau machen, wie welche Variante fachgerecht anzubringen ist.

Bei den Giebelwänden (Nr. 2, 4, 6 und 8) und den seitlichen Erkerwänden (Nr. 5 links und rechts) musst du, bevor du sie zusammenschraubst, an den oberen Ecken noch Ausschnitte für die Pfetten aus der Außenschalung sägen. Die Maße dafür findest du hier:

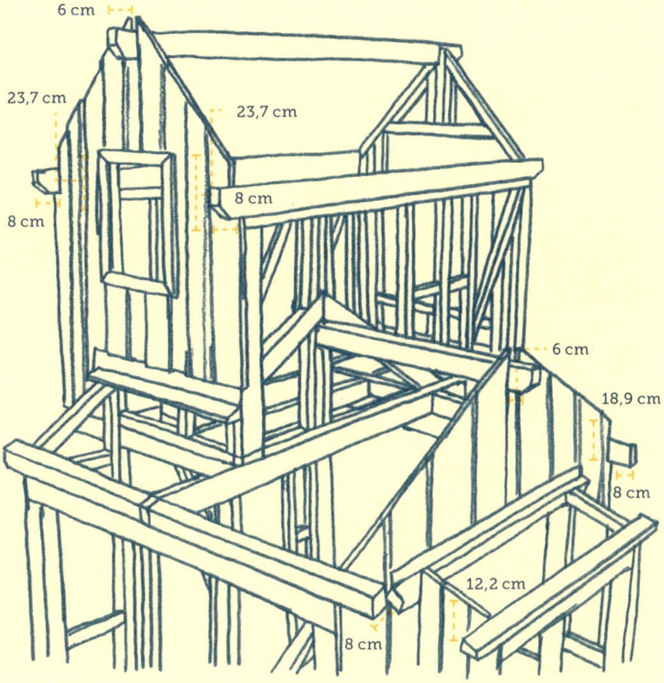

Auf der Baustelle

16

Bist du dir sicher, dass alle Wände richtig zusammengebaut sind? Passen sie so zueinander, wie sie sollen? Dann steht dem Aufbau deiner Wände auf der Plattform nichts mehr im Weg. Baue eine kleine Rampe aus Riegeln, an der entlang du die Wände auf die Plattform schieben kannst. Schraube die Rampe unbedingt oben an der Plattform fest. So rutscht sie beim Hochwuchten nicht weg.

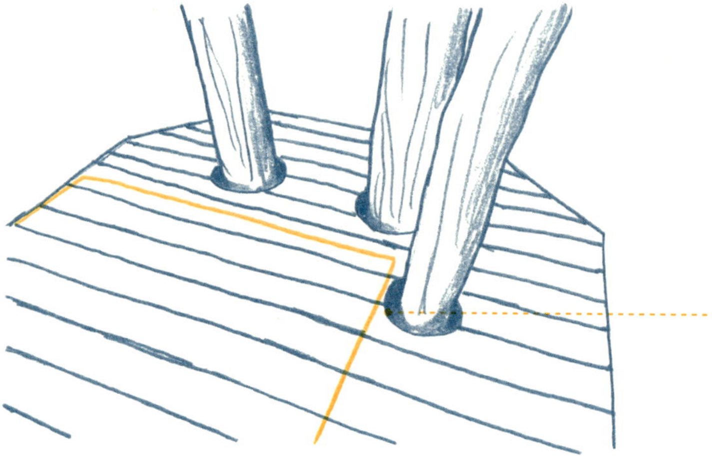

17

Markiere dir am besten die Positionen der Wände mit Bleistift deutlich auf dem Boden, bevor die Wände kommen. Die Maße findest du im Plan auf den Seiten 37 und 38.

18

Mit vereinten Kräften könnt ihr jetzt eine Wand nach der anderen hinaufziehen und montieren. Legt die Reihenfolge der Wände vorher so fest, dass euch beim Zusammenbauen auf der Plattform keine im Weg steht.

Achtet aufeinander! Lasst unten erst los, wenn die Wand von oben sicher gehalten wird.

19

Verschraube die Wände oben erst nur miteinander mit verzinkten 120-mm-Schrauben, bevor du sie am Boden befestigt. So kannst du sie noch ein wenig verrücken, falls das später die Messung der Diagonalen im Raum erfordert (s. Schritt 22). Ungefähr alle 60 cm sollte später eine Schraubverbindung zwischen den Wänden und zwischen Wand und Boden sein. So hält alles gut zusammen. Das Teil, das hier angebracht wird, ist die Umrahmung für die Innenleiter (s. S. 114).

20

Sichert zusammen die schweren Teile beim Hochwuchten mit einem Seil oder Flaschenzug. Achtet bei jedem Schritt auf einen sicheren Stand. Schaut immer nach Ausweichmöglichkeiten, falls mal etwas herunterfallen sollte.

21

Der Erker ist in Position und wird mit Wand Nr. 4 verschraubt (s. Info-Box S. 109).

☞ Das Erkerfenster ist eine schöne Möglichkeit, sowohl deine Tischlerfähigkeiten als auch das Raumgefühl in deinem Baumhaus zu erweitern.

Aber wenn du es nicht einbauen willst, kannst du die Wand vollständig verkleiden oder ein Standardfenster einbauen (s. S. 95).

22

Das untere Stockwerk steht, Gratulation! Bevor du dir das obere Stockwerk vornimmst, miss auch hier die Diagonale des Raumes mit einem Maßband erst von einem Eck zum anderen, dann zwischen den jeweils gegenüberliegenden. Stimmen beide Maße überein, dann ist dein Haus rechtwinklig und somit bereit für das nächste Stockwerk. Hast du eine Abweichung von über 5 mm? Dann empfehlen wir dir, diese, z. B. mithilfe eines Spanngurtes, zu korrigieren, bis es passt.

4.6 Obergeschoss

Wenn du glücklich bist, dass dein Baumhaus wächst, ist es jetzt an der Zeit, eine Etage weiter nach oben zu gehen.

1

Nun sind die 6 x 12-cm-Riegel für den Zwischenboden an der Reihe. Schneide diese laut Plan auf Seite 39 zu. Beschrifte sie auch wieder an einer später unsichtbaren Schnittfläche mit ihrem jeweiligen Längenmaß, um sie darauf wieder zuordnen zu können. Sie haben im Plan vorgegebene Positionen und müssen dort mit den unteren Wänden verschraubt werden. Auch hier gilt wieder: Wähle eine Schraubenlänge von 220–240 mm, also etwa das Doppelte des Balkenquerschnittes.

2

Installiere jetzt den Aufstieg zum Obergeschoss. Bohre dafür deine Innenleitersprossen mittig, bei 3 cm von außen, vor.

Schraube sie, entlang des schrägen Riegels beim Wandaufgang gemessen, mit einem Abstand von 21,8 cm zueinander an. Verwende dafür 6 x 100-mm-Schrauben. Kontrolliere mit einer kleinen Wasserwaage, ob alle waagerecht sind.

3

Sind die Zwischenbodenriegel und der Aufgang fertig installiert und verschraubt, kannst du mit dem oberen Stockwerk fortfahren. Die Positionen der oberen Wände entnimmst du dem Plan auf Seite 38. Stehen dann auch die Wände und ist das Dach dicht, kannst du in Ruhe und wetterunabhängig oben den Boden verlegen. Dieser ist relativ einfach und schnell verlegt (s. Kap. 5.1).

Das obere Stockwerk

4

Zieht zu mehreren eine Wand nach der anderen hinauf und montiert sie an ihrer vorgesehenen Stelle. Stelle sicher, dass du und dein Team immer einen sicheren Stand habt. Achtet stets aufeinander beim Tragen und Positionieren der Wände. Macht keine ruckartigen Bewegungen und schaut, dass jeder zu jeder Zeit weiß, wo sich der jeweils andere befindet.

5

Die Wand Nr. 9 kommt wie angekündigt ohne Außenschalung an. Schraube sie an ihrer Position fest und montiere danach gleich die First- und Traufenpfetten des unteren Stockwerks. Dafür steckst du die Firstpfette in das vorgesehene Loch in Wand Nr. 9 und verschraubst sie schräg nach unten in die Wand mit 120-mm-Schrauben. Vorne stehen alle Pfetten des Baumhauses 15 cm über, gemessen ab der Außenkante des Wandrahmens.

☞ Du kannst dein eigenes Baumhaus auch so planen, dass zuerst die Bodenbretter auf den Zwischenbodenriegeln verlegt werden und die oberen Wände auf selbigen stehen. So hast du eine größere Fläche, auf der du stehen und arbeiten kannst, wenn die oberen Wände kommen. Bei unserem Baumhaus haben wir es anders gemacht, nach dem Prinzip „Erst die Außenhülle, dann der Innenausbau". Aber das kannst du für dich selbst entscheiden.

6 In unserem Fall waren wir mit dem oberen Stockwerk auf einer Seite auf einmal ganz schön nah am Baum dran. Wir wollten den betreffenden Ast aber auch nicht wegschneiden, da er so schön über das Baumhaus wuchs. Sollte dir das gleiche Problem beim Montieren der Wände auch irgendwann begegnen, musst du eventuell nacharbeiten oder den betreffenden Teil des Baumes etwas zurückbiegen, falls möglich. Oder beides. Absägen solltest du den Ast nur, wenn es wirklich nicht anders geht.

Mit einem Seil kannst du z. B. einen störenden Ast zurückbiegen und in Position halten, indem du das andere Ende am Stamm befestigst. Besser so, als dass er ständig am Baumhaus scheuert, seine Rinde verletzt wird und der Baum dadurch Schaden nimmt.

Klappt es mit dem Zurückbiegen nicht so richtig? Dann kannst du zusätzlich ein dickes und stabiles Stück Schaumgummi, wie z. B. ein Stück Waschmaschinenunterlage, an der Stelle zwischen Haus und Baum befestigen, wo der Ast sonst scheuern würde.

Befestige das Stück mit mehreren Schrauben, sodass es fest sitzt und nicht verrutschen kann. Du wirst es vielleicht nach einiger Zeit einmal austauschen müssen. Also installiere es am besten gleich so, dass dies später einfach möglich ist. Den Dachstuhl und das Dach musst du später an den Ast noch etwas anpassen, dazu kommen wir in den entsprechenden Kapiteln.

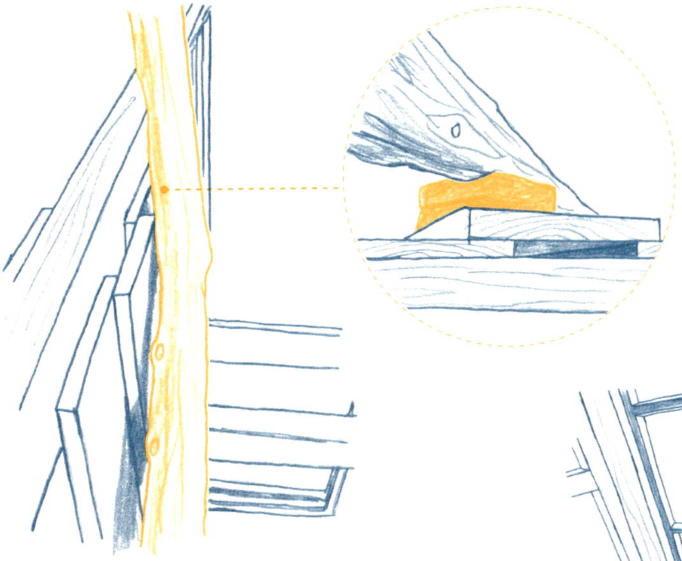

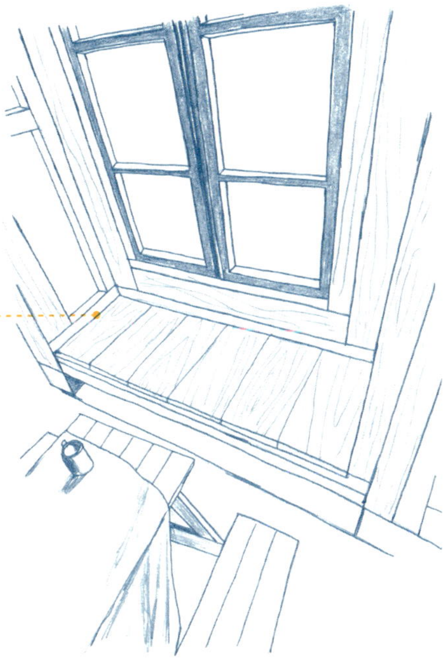

7 Versieh deinen Erkerboden mit Brettern. Dann kannst du dort schon gemütlich sitzen und den Ausblick genießen. Geschafft, alle Wände deines Baumhauses stehen und warten nun auf ihren Dachstuhl.

4.7 Tür

Die Tür ist der Zugang zu deinem Baumhaus und gibt ihm Charme und Charakter. Ein schöner Eingang wird dir immer Freude bereiten, wenn du ihn ansiehst.

Je nach Budget und Art deines Vorhabens kannst du die Tür selbst bauen, gebraucht erwerben oder neu kaufen. Wir haben sie selbst gebaut und dazu alte Bauernfenster verwendet, die wunderbar zum Wohnhaus unserer Freunde passen. Gebrauchte Türen findest du in lokalen Kleinanzeigen, auf Flohmärkten oder im Internet. Wenn du neue haben möchtest, erkundige dich bei einem örtlichen Schreiner.

In der Werkstatt können Kinder beim Messen und Anzeichnen helfen. Das Zusammenbauen von Tür und Fenster sowie das gemeinsame Austüfteln eines Schließmechanismus für die Tür machen auch den Kindern Spaß. Kleinere Kinder haben Freude daran, Türverschlüsse oder Scharniere zu untersuchen.

WERKZEUG

- Grundausstattung (s. S. 22)
- Oberfräse
- Tischkreissäge

MATERIAL

- Fichte KVH (Konstruktionsvollholz) im Querschnitt 6 x 6 cm
- 20-mm-Lärchenbretter für die Außenschalung
- Türverschluss (Schubriegel, Sturmhaken, Kastenschloss, etc.)
- Scharniere oder Türbänder
- Edelstahlschrauben:
  4 x 30 mm
  4 x 50 mm

In der Werkstatt

1

Für die Tür baust du dir aus 6 x 6-cm-Fichtenriegeln einen Rahmen, der auf jeder Seite 0,5 cm kleiner ist als die Türöffnung. In unserem Fall also 69 x 173 cm.

2

Miss auch hier wieder beide Diagonalen. Sind die Werte gleich? Gut. Wenn nicht, korrigiere den Rahmen, bis beide Werte identisch sind. Lege dann einen weiteren 6 x 6-cm-Riegel diagonal auf und zeichne die Ecken an.

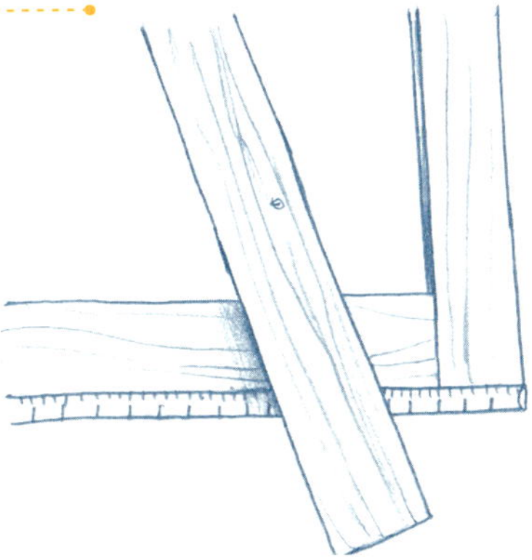

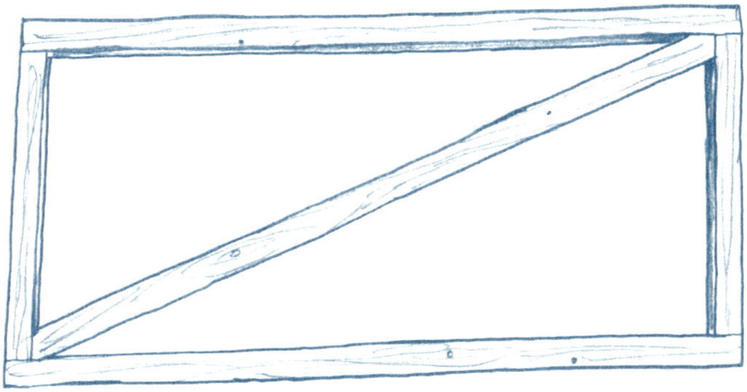

3

Säge entlang der Markierung, setze dann den Riegel ein und verschraube ihn mit dem Rahmen.

4

Jetzt bedecke ihn nur noch mit Boden-Deckel-Brettern. Am besten belegst du Tür und Wand gemeinsam. So kannst du sicherstellen, dass am Ende alles zusammenpasst und die Tür gut am Rahmen anliegt, wenn sie geschlossen ist.

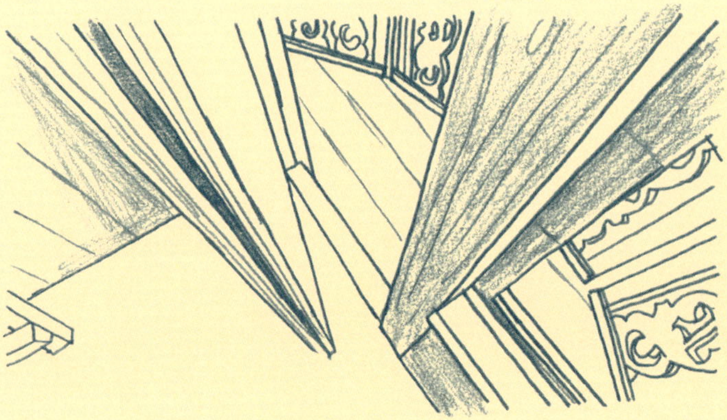

Wenn dein Baumhaus gedämmt wird, unterscheidet sich der Aufbau der Tür grundlegend von der hier gezeigten Variante. Arbeite dann statt mit dem 6 x 6-cm-Rahmen am besten mit zwei aufeinander montierten 3-Schicht-Platten, die du außen wieder mit Lärchenbrettern verkleiden kannst. So verzieht sich die Tür nicht und bleibt auch auf längere Zeit dicht. Das ist wichtig, da du sonst eine Lücke in deiner Dämmung hast. Versieh die Tür auch mit einer Falz, also einer seitlich umlaufenden Einkerbung, in die du Fensterdichtungsband einkleben kannst. Die besten Erfahrungen haben wir mit Fensterdichtungen gemacht, die man zusätzlich in eine kleine vorher gefräste Nut stecken kann. So halten sie länger, besonders auf Holz. Am dichtesten schließt natürlich eine Tür vom Schreiner. Wenn du eine solche zur Verfügung hast, musst du deine Türöffnung bereits beim Bau des Wandrahmens entsprechend anpassen.

In der Werkstatt oder auf der Baustelle

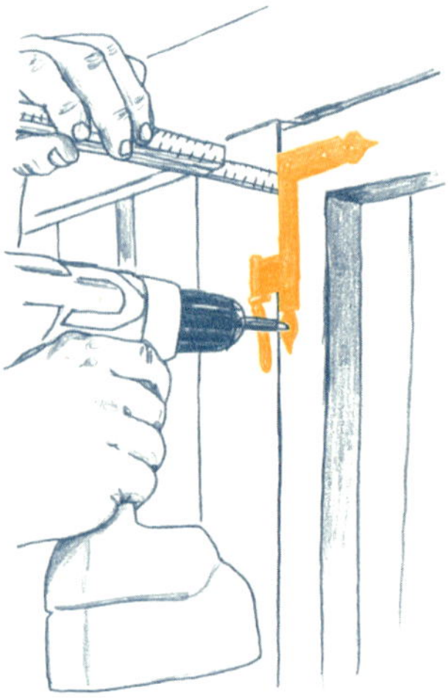

5

Befestige die Türbänder oder Scharniere deiner Wahl (im Bild: Winkelbänder mit passenden Kloben) an Tür und Türrahmen wie abgebildet. Achte darauf, dass zwischen Tür und Türrahmen der vorgesehene halbe Zentimeter Spalt bleibt, damit die Tür nicht schleift oder zwickt. Die Diagonalstrebe der Tür sollte fertig montiert zum unteren Scharnier zeigen, so verzieht sie sich nicht mit der Zeit. Verwendest du Scharniere, mit denen man die Tür nach dem Einbau nicht wieder aushängen kann, dann baue die Tür erst auf der Baustelle ein, wenn die Wand schon steht. Sonst wird die Wand unnötig schwer und die Tür stört zusätzlich beim Tragen.

6

Baust du die Tür erst ein, wenn die Wand schon steht, kannst du sie auf 0,5 cm dicke Leisten oder drei Zollstock-Glieder stellen. So hat die Tür den Abstand, den sie braucht, um später ohne zu schleifen auf und zu zu gehen.

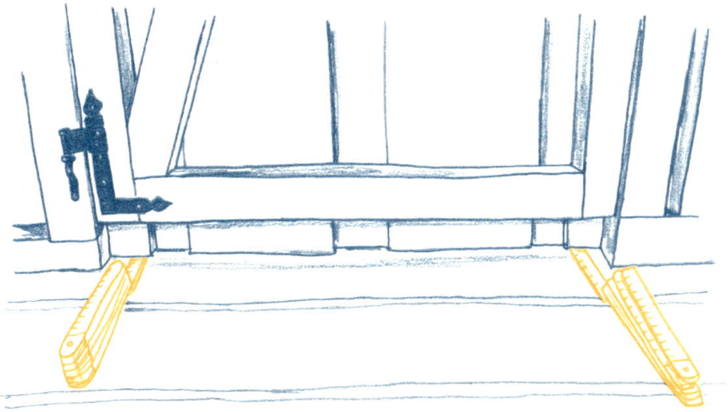

7

Als Türschloss kannst du z. B. ein richtiges Kastenschloss montieren. Damit ist dein Baumhaus abschließbar und jederzeit vor Eindringlingen geschützt. Das gibt es in einer einfachen Version zum Aufschrauben auf die Tür, entweder von innen oder außen.

Alternativ funktioniert auch ein einfacher Sturmhaken (A). Aufschrauben, einhaken, fertig. Oder du nimmst einen Schubriegel, den es in verschiedenen Modellen im Baumarkt gibt.

Vielleicht hast du auch Lust, dir selbst einen Mechanismus aus Holz zu bauen (B)? Dazu findest du gut verständliche Anleitungen zu einfachen und komplizierteren Varianten z. B. auf YouTube.

A

B

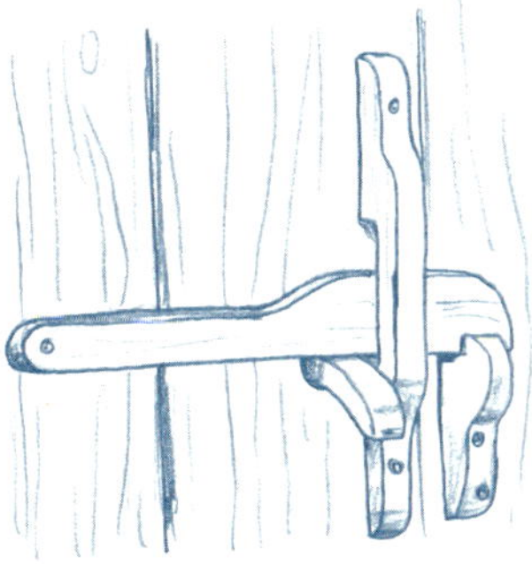

4.8 Fenster

Die Aussicht vom Inneren des Baumhauses nach draußen sorgt erst so richtig für das Gefühl, mitten in der Natur zu schweben.

WERKZEUG

- Grundausstattung (s. S. 22)
- Oberfräse
- Tischkreissäge
- Leim

MATERIAL

- 20-mm-Lärchenbretter
- 25-mm-Lärchenbretter
- Acrylglasscheiben, schlagfest und UV-beständig
- Scharniere
- Edelstahlschrauben:
  4 x 30 mm
  4 x 50 mm
- Vorreiber

Welchen würdigen Rahmen möchtest du daher deiner Aussicht geben? In unserem Fall haben wir die alten, aber gut erhaltenen Fenster eines Bauernhauses wiederverwendet. Wir fanden sie einfach wunderschön. Außerdem waren sie komplett mit Rahmen ziemlich einfach einzubauen. Mit etwas Glück findest du schöne alte Fenster auf ebay-Kleinanzeigen, einem Flohmarkt oder eventuell im Baustellencontainer einer Altbaurenovierung. Diese Fundstücke sind meist auch noch bezahlbar oder sogar umsonst und verleihen deinem Baumhaus einen besonderen Charme. Eine andere Option wären neue Fenster vom Schreiner. Die sind allerdings sehr teuer.

Du kannst sie auch einfach selbst bauen. Wir zeigen dir eine einfache Variante, die du mit ein paar Holzleisten und Acrylglas-Scheiben, am besten schlagfest und UV-beständig, relativ schnell selbst bauen kannst. Natürlich ersetzt das in puncto Dichtheit und Stabilität nicht ein richtiges Fenster, aber es erfüllt bei einem ungedämmten Baumhaus seinen Zweck. Drei bis vier Stunden solltest du pro Fenster anfangs einplanen. Eine helfende Hand benötigst du hier eigentlich nicht, aber aus Sicherheitsgründen bitte trotzdem wie immer zu zweit arbeiten. Beim Einbau ins Baumhaus brauchst du dann auf jeden Fall jemanden, der dir das Fenster hält, während du es anschraubst. Andere Anleitungen für Fenster in verschiedenen Schwierigkeitsgraden findest du wie immer auf YouTube.

Bei der Auswahl geeigneter Resthölzer sowie beim Messen und Anzeichnen kann dir dein Nachwuchs tatkräftig zur Hand gehen. Mit etwas Unterstützung können die Kinder sogar den Bau eines ganzen Fensters übernehmen. Dessen Teile können mit einer Handsäge geschnitten werden.

In der Werkstatt

Säume die Rahmenbretter für deine Fenster auf 5 cm Breite und schneide sie auf Gehrung, in diesem Fall also mit 45°. Die Maße sind die gleichen wie bei den Fensterrahmen außen an den Wänden. Nur kommen deine Fenster später auf die Innenseiten der Wände, sodass sie später auch nach innen öffnen.

Beim Bau eines Fensters in dieser einfachen Bauweise hast du zwei Möglichkeiten:

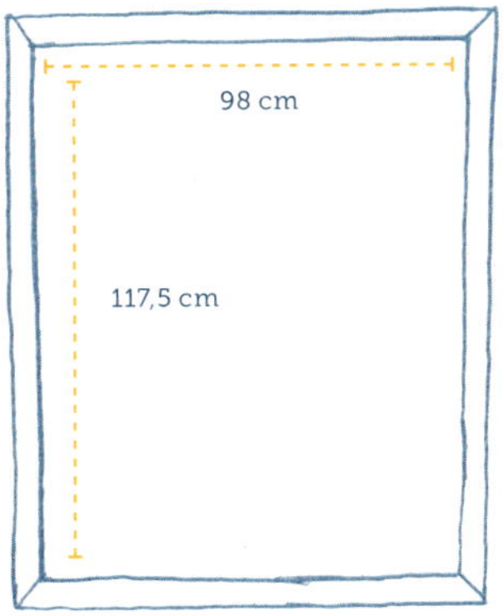

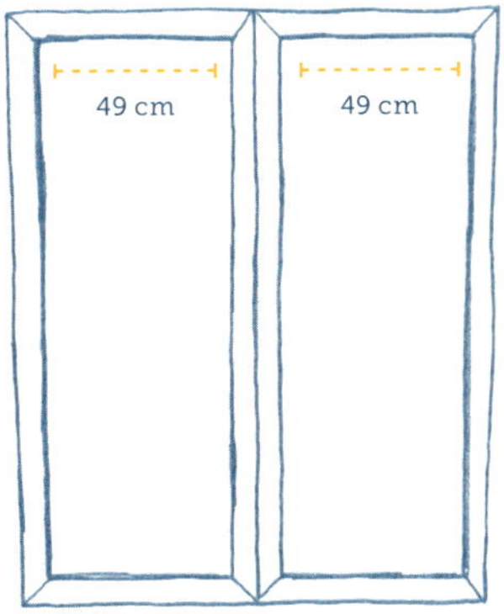

A

Du machst es aus einem Stück. Bei der beschriebenen Bauweise wäre das große Element allerdings etwas zu instabil, um es ständig zu öffnen und zu schließen. In diesem Fall verschraube es lieber fest mit der Wand. So hast du ein festverglastes Fenster, das du zwar nicht öffnen kannst, rausschauen kannst du aber trotzdem. Oder du baust es kleiner. Bis ca. 50 cm Breite kannst du es auch als zu öffnendes Fenster bauen.

B

Du teilst das Fenster in der Mitte und machst es zweiflügelig. Dann kannst du es als zu öffnendes Fenster bauen und links und rechts mit jeweils zwei Scharnieren versehen.

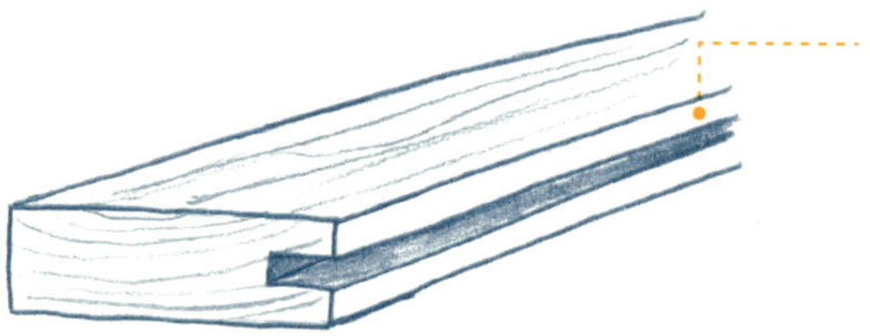

1

Für beide Möglichkeiten fräse auf jeden Fall in die Rahmenbretter eine 1 cm tiefe Nut für deine Fensterscheibe. Die Nut sollte genauso breit sein wie die Dicke der Scheibe. Du kannst sie entweder mit der Kreissäge schneiden oder mit einer Oberfräse und passendem Fräskopf. Wenn du die Nut mit einer Kreissäge schneidest, versenke das Sägeblatt so tief, dass es nur noch 1 cm herausschaut. Du musst eventuell ein kleineres Sägeblatt einbauen, damit das möglich ist. Dann positioniere den Anschlag so, dass das Rahmenbrett genau mittig über dem Sägeblatt liegt. Ist das Sägeblatt dünner als deine Fensterscheibe, schneide die Nut in mehreren Durchgängen aus. Dabei verstelle den Anschlag jedes Mal etwas, bis die gewünschte Breite erreicht ist.

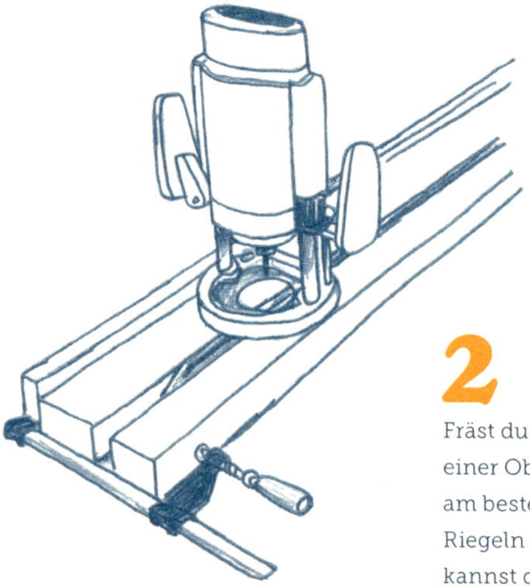

2

Fräst du hingegen die Nut mit einer Oberfräse aus, dann baue dir am besten aus zwei 5 cm hohen Riegeln ein Auflager. Auf diesem kannst du dann mit der Oberfräse entlangfahren.
Klemme das Rahmenbrett mit zwei Schraubzwingen hochkant zwischen die Riegel wie abgebildet. Schraube nun auf einer Seite ein Führungsbrett so an, dass der Fräskopf genau mittig über dem Rahmenbrett positioniert ist, wenn die Oberfräse mit ihrer Grundplatte seitlich am Führungsbrett anliegt. Passe dafür die Dicke des einen Auflager-Riegels entsprechend an. Jetzt kannst du eine präzise Nut mittig in das Rahmenbrett fräsen.

3

Schneide anschließend deine Fensterscheibe auf das passende Maß, also auf jeder Seite 1 cm größer als das Innenmaß deiner Rahmen. (Die Abbildung rechts zeigt die zweiflügelige Variante.)

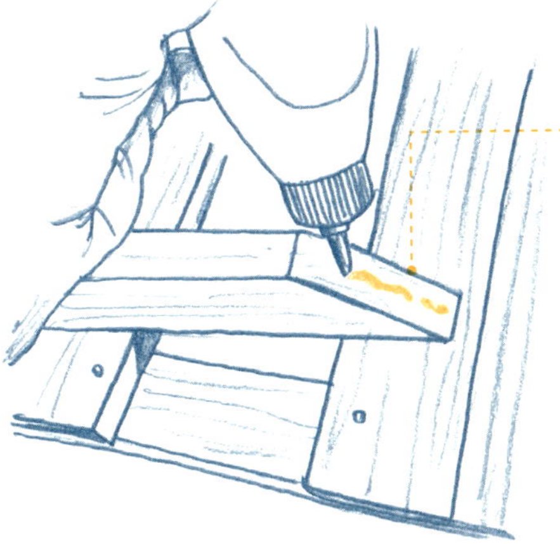

4

Stecke sie dann in die Nut, gib etwas Leim auf die Gehrungsschnittflächen und schraube die Rahmen mit 4 x 50-mm-Schrauben zusammen.

5

Bohre in die Gehrungsecken zunächst im 45°-Winkel vor und schraube den Rahmen anschließend vorsichtig zusammen.

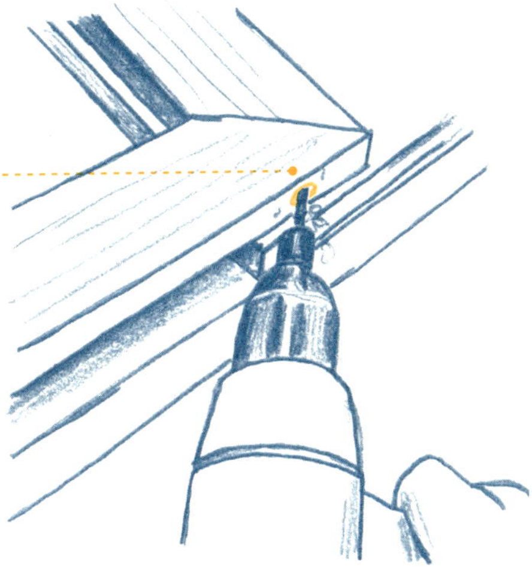

6

Jetzt schraubst du bei der Doppelflügel-Variante auf einen der beiden Flügel noch ein Anschlagbrett. Dieses verdeckt den Spalt in der Mitte der beiden Flügel und macht das Fenster dichter. Lass das 4 cm breite Brett dabei seitlich zur Hälfte überstehen.

7

Passe in die Fensteröffnungen Lärchenbretter ein, damit die Fichtenriegel der Wandrahmen später wettergeschützt sind, kein Regen hinter die Außenschalung laufen kann und es am Ende schön aussieht. Nimm dafür 2 cm dicke Bretter und säume sie auf 10 cm Breite. So stoßen sie außen bündig an den Fensterrahmen an. Innen sind sie mit den Wandriegeln ebenfalls bündig.

☞ Falls du wie wir Fenster inkl. Rahmen verwendest, schraube sie einfach durch ihren Rahmen in die Fensteröffnung. Bohre hier ebenfalls vor und schraube sie mit den passenden Schrauben an.

Auf der Baustelle

8

Baue die zweiflügeligen Fenster so ein, dass sie rund um den Fensterausschnitt 3 cm überstehen. Markiere die Position am besten vorher am Wandrahmen, dann kann eine*r den Flügel hinhalten und die oder der andere kann die Scharniere anschrauben. Verwende dazu kleine Schrauben (4 x 30 mm). Lasse mittig zwischen beiden Flügeln einen kleinen Spalt von ca. 2–3 mm, damit sich das Fenster gut öffnen und schließen lässt. Die Markierung kannst du später wieder wegschleifen.

Verriegeln kannst du sie ganz einfach mit sogenannten Vorreibern. Das sind spezielle Schraubhaken, die du oberhalb und unterhalb deines Fensters in die Wandriegel schraubst. Drehe die oberen Vorreiber nach unten und sie sind dem Fenster im Weg. Zu. Umgekehrt mit den unteren Vorreibern. Ganz simpel und effektiv.

Lass die einflügelige Variante ebenfalls auf jeder Seite 3 cm überstehen und schraube sie dann in regelmäßigen Abständen von ca. 50 cm von Schraube zu Schraube an die Wandriegel.

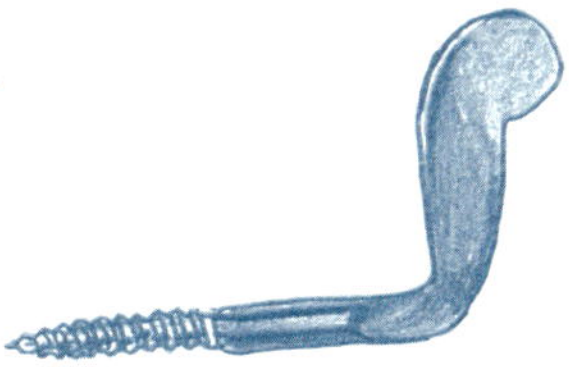

4.9
Dachstuhl

Jetzt, wo die Wände stehen, fühlt sich das Ende schon viel greifbarer an. Es stellt sich schon das richtige Baumhaus-Gefühl ein.

Jetzt geht es daran, den Dachstuhl zu bauen. Wir haben uns für ein Satteldach entschieden, weil es für uns in diesem Fall optisch ansprechender war als ein Pultdach. Außerdem hat Leni es sich so gewünscht. Dafür ist es aber auch etwas aufwendiger zu bauen. Der Vorteil eines Satteldachs ist, dass sich die maximale Stehhöhe in der Mitte befindet. Das bietet dir etwas mehr gestalterischen Freiraum für die Innenausstattung, und du kannst dich drinnen bequemer bewegen, vor allem in einem Haus mit geringer Höhe. Plane für diesen Schritt ein ganzes Wochenende ein.

WERKZEUG

- Grundausstattung (s. S. 22)
- Evtl. Blechschere
- Spanngurt

MATERIAL

- Fichte KVH (Konstruktions-vollholz) in den Querschnitten 6 x 6 und 6 x 12 cm
- Evtl. Dachfolie und Blech zum Abdichten von ausgeschnittenen Teilen bei störenden Ästen
- Verzinkte Schrauben 6 x 120 mm

☞ Bis etwa 30° Dachneigung kannst du bei einem so kleinen Dach wie dem deines Baumhauses die Sparren ohne Einkerbungen, die sogenannten Kerven, montieren. Ab einer Dachneigung höher als 30° solltest du aus Stabilitätsgründen mit Kerven arbeiten. Damit geht die Last des Daches anschließend nicht allein auf die Schraubverbindung Sparren/Pfetten, sondern wird durch die Kerve senkrecht nach unten abgetragen. Achte beim Schneiden der Kerve immer darauf, dass oberhalb der Kerve genug Holz (sogenanntes Obholz) stehenbleibt. Also mindestens die Hälfte der Sparrenhöhe, damit die Kerve nicht zu sehr geschwächt wird.

So sieht der Dachstuhl aus, wenn du mit diesem Kapitel fertig bist. Beachte die kleinen Dachsparren für das Erkerfenster auf der linken Seite.

Hier können die Kinder wieder in der Werkstatt beim Messen und Anzeichnen helfen. Wie bei den Wänden bietet sich auch hier das Schneiden der Riegel (6 x 6 cm) mit der Handsäge an. Da es sich bei der Montage des Dachstuhls auf der Baustelle um eine Arbeit mit Gefahrenpotenzial handelt, binde Kinder dort lieber anderweitig ein. Je nach Alter und Können dürfen sie z. B. das Gestalten eines Türschilds, das Schnitzen eines Baumhauskobolds oder das Vorbereiten von Material und Werkzeug übernehmen.

Der Dachstuhl unseres Baumhauses besteht aus sogenannten Pfetten und Sparren. Die Traufpfetten liegen auf den seitlichen, den Traufwänden. Oben an der Spitze der Giebelwände hingegen befindet sich die Firstpfette. Die Pfetten tragen gemeinsam die Sparren, auf denen danach die Sichtschalung (Fichtenbretter) liegt. Auf die Sichtschalung kommt dann eine wasserdichte Folie als zweite wasserführende Dachhaut, auf der wiederum das Blechdach montiert wird. Am Ende hat das Dach auf jeder Seite circa 15–20 cm Überstand, damit der Regen nicht ins Haus tropft. Achte ebenfalls auf diesen Überstand, wenn du dein eigenes Baumhaus planst. Ansonsten beachte, dass die Sparren nicht mehr als 70 cm Abstand zueinander haben. Damit ist die darauf liegende Sichtschalung belastbar und biegt sich nicht durch oder bricht.

In der Werkstatt

1

Schneide alle Pfetten, Sparren und Füllstücke laut Plan, Seiten 41–47, zu. Beschrifte sie an später nicht sichtbaren Stellen und mache sie eventuell in kleinen Bündeln transportfertig.

Auf der Baustelle

2

Bevor es mit dem Bau des Dachstuhls weitergeht, weißt du bestimmt schon, was du zuerst machen musst? Richtig: die Diagonale messen. Wenn die Maße nicht übereinstimmen, helfe wieder mit einem Spanngurt nach.

3

Montiere dann zuerst die Firstpfette, auf der später die Sparren liegen. Markiere den Dachüberstand von 15 cm auf der Pfette. So kannst du sie mit einem Holzhammer sauber in Position klopfen.

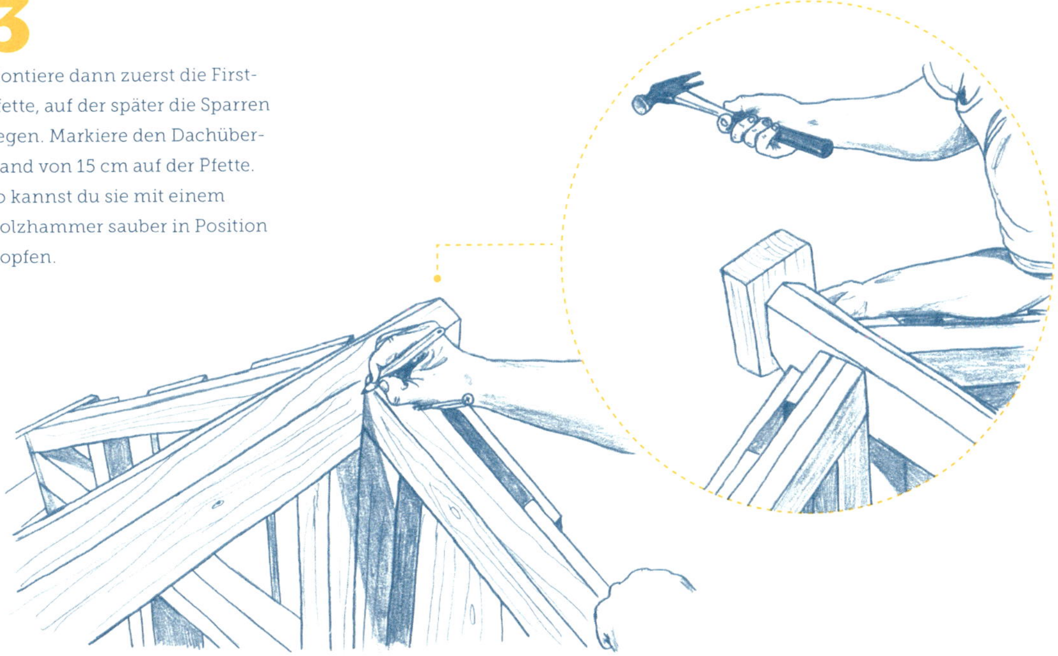

4

Schraube nun die Pfette an den Giebelwänden fest. Montiere danach die Traufpfetten auf die gleiche Weise. Markiere dann die Positionen der Sparren auf den Firstpfetten. Mit Kreuzen auf der Seite der Markierung, an der der Sparren montiert werden soll, stellst du sicher, dass du sie auf der richtigen Seite festschraubst. Das hängt davon ab, ob du die lichte Weite misst, also den Abstand zwischen den Sparren, oder das Sprungmaß, sprich den Abstand von der linken Seite eines Sparrens zur linken Seite des nächsten Sparrens. Natürlich kann das Sprungmaß auch den Abstand von der rechten Seite eines Sparrens zur rechten Seite des nächsten Sparrens bedeuten. Im Bild unten ist z. B. das erste Maß von 55 cm die lichte Weite. Die weiteren Maße von 61 cm bezeichnen jeweils das Sprungmaß.

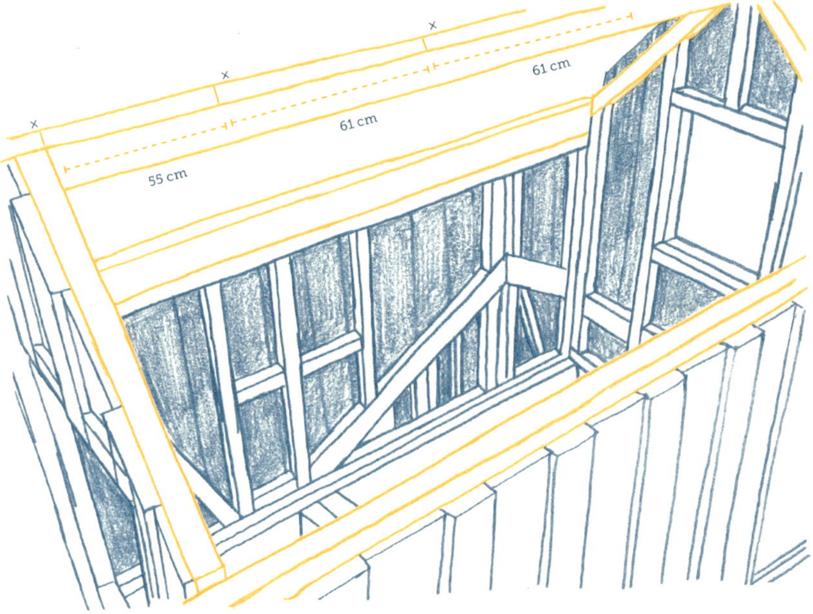

5 Auf den Traufpfetten geben dir die Füllstücke die Abstände vor. Diese füllen die Lücken zwischen den Sparren. Montiere die Sparren auf ihren markierten Positionen, beziehungsweise immer abwechselnd: Sparren, Füllstück, Sparren, Füllstück. So ist gewährleistet, dass die Abstände passen. Beginne dabei immer mit den Sparren auf den Giebelwänden und arbeite dich über die gesamte Wandbreite vor bis zur gegenüberliegenden Giebelwand.

6

Die Sparren für das untere Stockwerk haben keine Kerven, also auch keinen definierten Punkt, mit dem sie auf der Traufpfette aufliegen. Im Plan auf Seite 43 siehst du aber, dass der Abstand vom oberen Sparrenende bis zur Innenseite vom Wandrahmen, dort, wo der Sparren aufliegt, 117,8 cm beträgt, gemessen auf der Unterseite des Sparrens. Zeichne dieses Maß auf den langen Sparren an. So ist gewährleistet, dass bei der Montage die Positionen der Sparren auf den Wänden stimmen und damit am Ende auch die Wände gerade stehen.

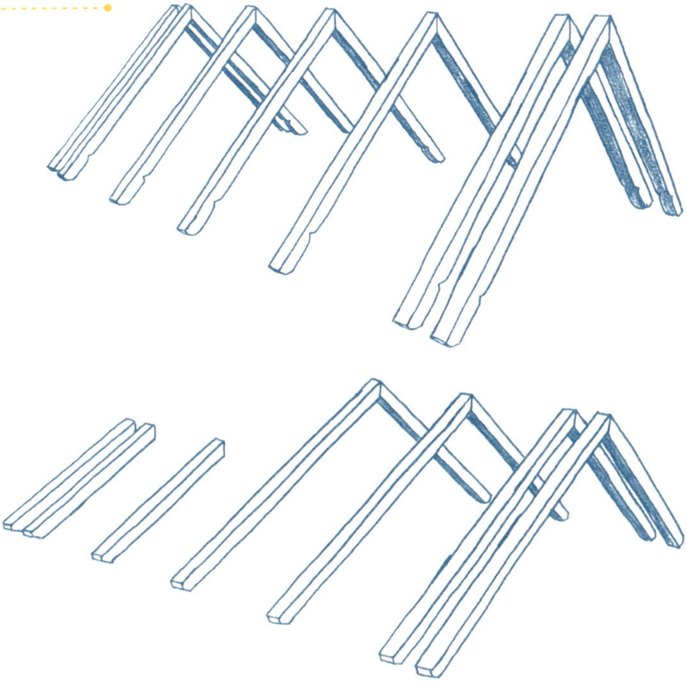

7

Verschraube die Sparren mit den Pfetten. Nimm dafür max. 120-mm-Schrauben. Achte darauf, dass die Schrauben unten nicht herausschauen. Wenn die Sichtschalung erst einmal drauf liegt, kannst du sie nicht mehr rausdrehen. Hier siehst du die Sparren mit den Füllstücken dazwischen.

8

Wenn du beim Aufstellen der Wände mit einer Wand schon etwas zu nah an den Baum geraten bist, ist es wahrscheinlich, dass dir das Problem beim Dach wieder begegnet.

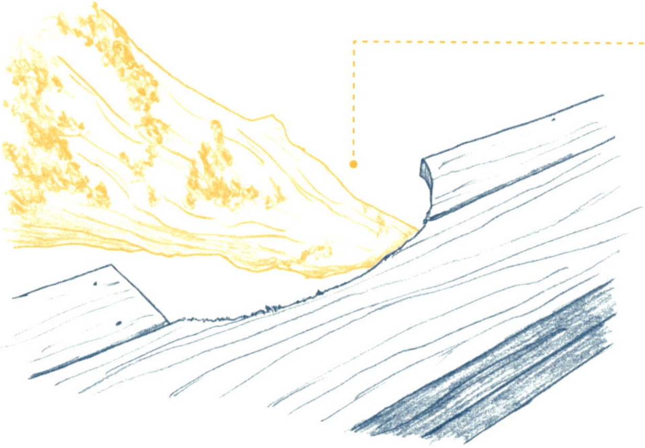

9

In diesem Fall kannst du später das Sichtschalungsbrett an der Stelle ein Stück aussägen, damit der Baum wieder ausreichend Platz hat. Mit Dachfolie oder einem Blech bekommst du die Stelle dann wieder dicht. Hier musst du wie wir wahrscheinlich etwas improvisieren. Wie wir die Stelle anschließend wieder dicht bekommen haben, erfährst du im nächsten Kapitel (Schritt 9–10).

10

An den Dachecken ist es etwas einfacher. Hier reicht es oft schon, die betreffende Ecke mit einer Handsäge um einige Zentimeter zurückzuschneiden.

4.10
Dach

Was wäre ein Baumhaus ohne Dach? Nichts als eine undichte Holzschüssel für bunten Herbstlaubsalat. Deswegen machen wir es lieber dicht und setzen dem Werk die Krone auf: das Dach.

Dafür brauchst du eine weitere Helferin oder einen Helfer in der Werkstatt und zwei weitere auf der Baustelle. Plane für diesen Schritt lieber ebenfalls ein ganzes Wochenende ein. Falls wie bei uns auch nur ein Ast zu nah am Baum ist, bedeutet das einiges an Extrazeit, die du brauchst, um den Ast fachgerecht einzubinden. Bei unserem Baumhaus haben wir als Dacheindeckung Trapezbleche gewählt, da sie einfach zu verlegen und überall erhältlich sind und bei sorgfältiger Montage lange halten. Nicht zuletzt fügen sie sich bei richtiger Farbwahl optisch schön in die Baumkrone ein. Auf Seite 144 zeigen wir dir noch weitere Möglichkeiten, wie du das Dach decken kannst.

In der Werkstatt können Kinder beim Messen und Anzeichnen helfen. Den Zuschnitt der Bretter für Sichtschalung und Windfänge können sie mit der Handsäge teilweise übernehmen. Bei der Montage des Blechdachs ist höchste Vorsicht geboten. Kinder bleiben bei diesem Schritt lieber am Boden. Falls du Holzschindeln als Dacheindeckung gewählt hast, können Kinder beim Verlegen helfen. Voraussetzung ist allerdings die Verwendung eines stabilen Baugerüsts, von dem aus sicher gearbeitet werden kann.

WERKZEUG

- Grundausstattung (s. S 22)
- Blechschneider oder alternativ Blechschere
- Tacker

MATERIAL

- Bretter für die Sichtschalung 20 mm, z.B. Fichte oder Lärche ungehobelt oder gehobelt
- Lärchenbretter für die Windfänge 2 x 19 cm
- Evtl. Dachlatten 30 x 50 mm (wir haben das Trapezblech ohne Latten direkt auf die Folie geschraubt, geht auch)
- Trapezbleche
- 2 m Kehlblech
- 1 Rolle diffusionsoffene Folie oder Dachpappe und Dachpappnägel
- Tackerklammern
- wasserfestes Profiklebeband
- Verzinkte Schrauben: 5 x 60 mm
- Edelstahlschrauben: 5 x 70 mm
- Spenglerschrauben

In der Werkstatt

1

Schneide die Bretter für die Sichtschalung und die Windfänge zu. Länge eventuell auch schon die Folie/Dachpappe ab. Lass sie dabei lieber etwas größer als die Dachfläche und schneide überstehende Ränder beim Verlegen mit dem Cuttermesser ab. Schneide auch die Trapezbleche auf Maß. Siehe Dachflächenmaße im Plan auf Seite 48.

Auf der Baustelle

2

Schraube oder nagle die abgelängten Bretter der Sichtschalung auf die Sparren. Installiere das Kehlblech zwischen Wand Nr. 9 und unterem Dach.

Bei unserem Baumhaus haben wir zuallererst zwischen äußerstem Sparren (dem sogenannten „Flugsparren") und dem zweiten, auf der Wand aufliegenden Sparren ein Sichtschalungsbrett längs zu den Sparren verlegt. Dadurch müssen wir nicht mit so kleinen Stücken arbeiten, und das Ganze sieht sauberer aus. Das längs verlegte Brett ist mit seinen 18 cm genau so breit, dass es bis zur Mitte des zweiten Sparrens geht. So lässt es noch genug Platz als Auflager für die weiteren quer verlegten Bretter.

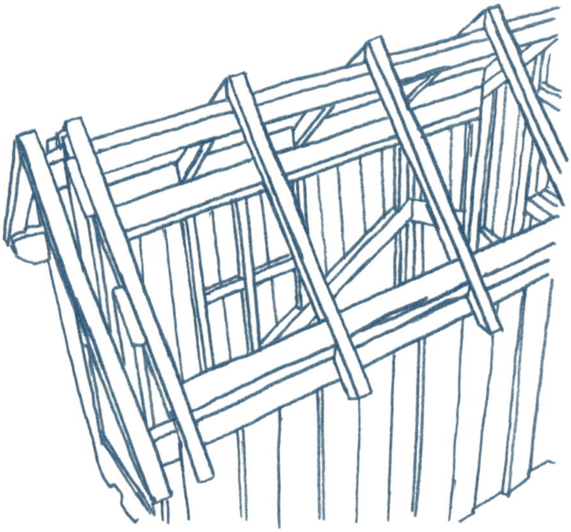

3

Bei den Querbrettern fängst du unten, bündig mit den Sparrenenden, an. Dann legst du Brett für Brett darüber und verschraubst jedes zweimal in jedem darunterliegenden Sparren. Wenn du am First ankommst, musst du wahrscheinlich das letzte Brett so säumen, dass es in die Lücke passt.

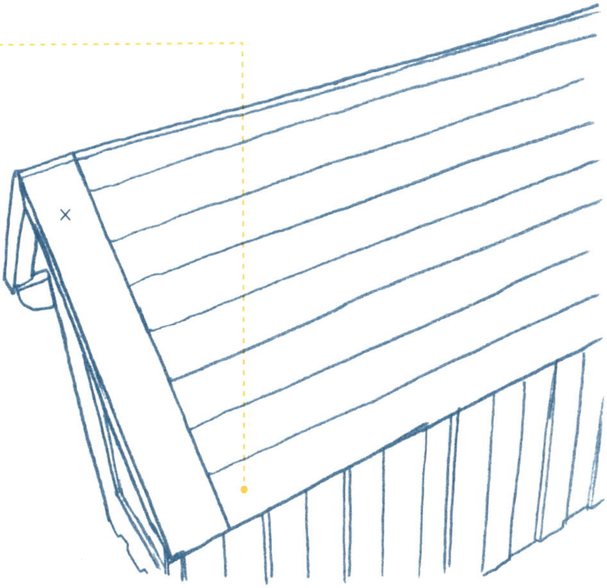

4

Kümmere dich erst um das Kehlblech zwischen Wand Nr. 9 und dem unteren Dach. Belege dafür das Dach des Untergeschosses mit der Sichtschalung wie oben beschrieben. Beginne unten bündig am Sparrenende. Lege Brett für Brett nach oben aus und schraube es mit 5 x 70-mm-Schrauben fest. Oder nagele es mit entsprechend großen Nägeln an die Sparren.

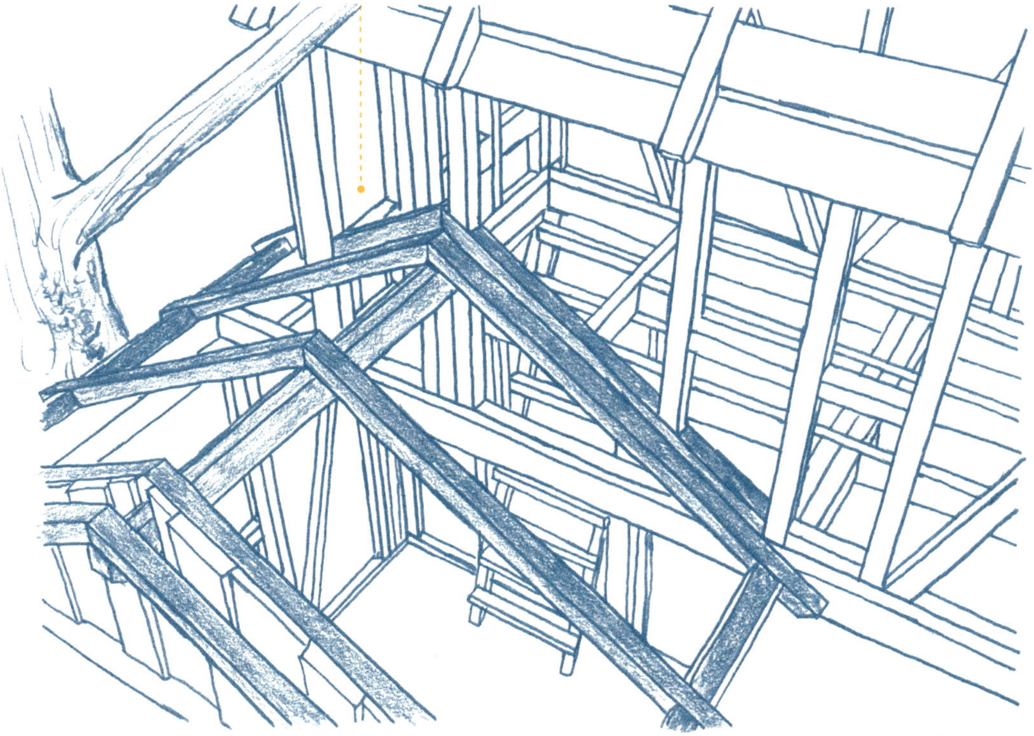

5

Achte in beiden Fällen darauf, dass du die darunterliegenden Sparren immer triffst. Ansonsten stehen gefährliche Schrauben- oder Nagelspitzen aus dem Dach. Wenn du am First ankommst, musst du das letzte Brett wahrscheinlich besäumen, damit es in die Lücke passt.

6

Wenn beide Seiten verschalt sind, kommt darüber die Folie oder Dachpappe. Schneide diese vorher mit etwas Überstand zu allen Seiten zu. Befestige die Folie mit einem Tacker. Verwende dabei so wenige Tackerklammern wie nötig, damit du nicht unnötig viele Durchdringungen hast, die potenziell undichte Stellen für dein Dach bedeuten könnten. Falls du mit Dachpappe arbeitest, nimm Dachpappnägel mit speziellen, breiteren Köpfen und verwende auch hier wieder so wenige wie möglich. Später kommt ja noch das Blechdach darauf, wegfliegen kann spätestens dann nichts mehr. Lasse die Folie/Dachpappe an der Wand Nr. 9 einige Zentimeter hochstehen, sodass ein kleiner dichter Ablauf in der Kehle entsteht, wo eventuell durchgedrungenes Wasser herunterrinnen kann.

☞ Spenglerschrauben haben einen kleinen integrierten Ring mit Gummidichtung, die das beim Schrauben entstandene Loch abdichtet. Achte beim Einschrauben auf einen guten Sitz der Schraube. Schraube außerdem die Spenglerschraube nicht zu fest ein, damit du den Gummi nicht verletzt.

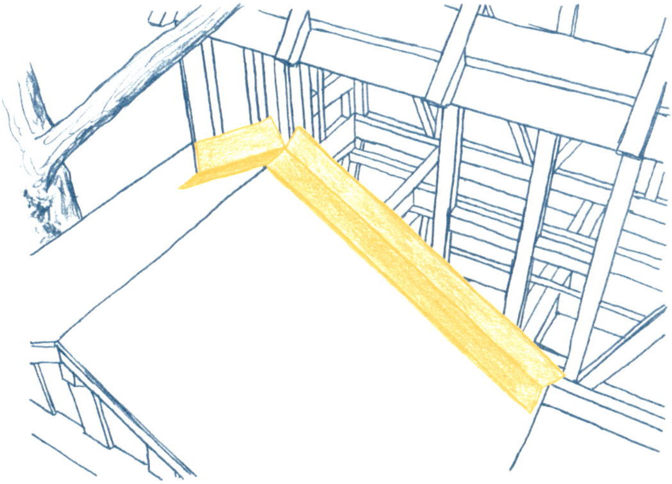

7

Jetzt kommt das Kehlblech zum Einsatz. Im Baumarkt erhältst du im 90°-Winkel vorgebogene L-Profil-Bleche, die du vor Ort mit einer Blechschere oder elektrischem Blechschneider auf die passende Länge bringen kannst. Schneide die senkrecht stehende Seite am First bis zur Mitte ein, damit du das Blech dort auf die andere Dachfläche herunterbiegen kannst. Schraube es dann zunächst nur mit 3–4 Spenglerschrauben an die Wandriegel. Nach unten fixieren kannst du es später zusammen mit den Trapezblechen.

8

Jetzt kannst du die Wand Nr. 9 fertig verschalen und mit den anderen Dächern weitermachen.

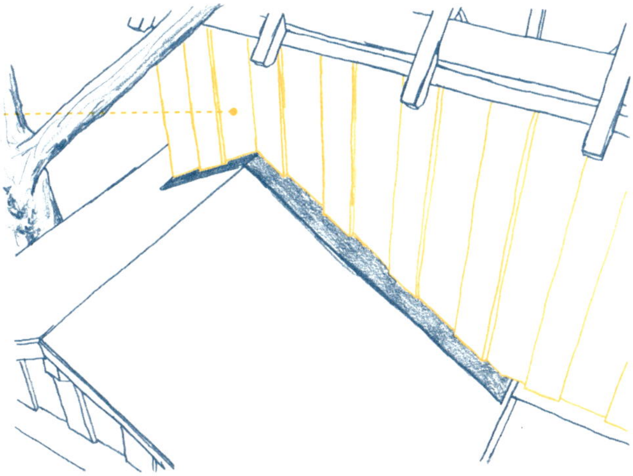

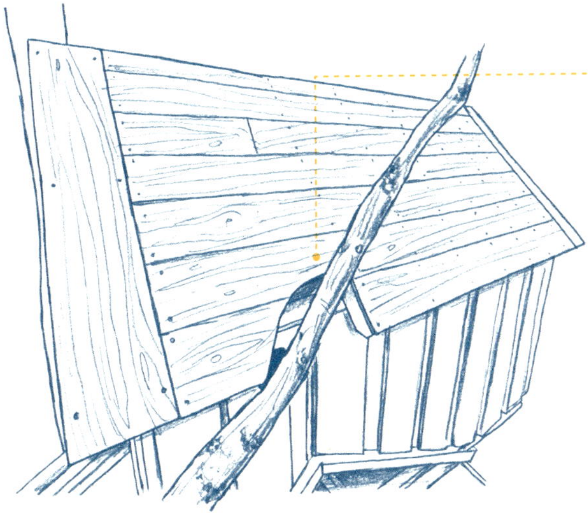

9

An der Stelle mit dem Ast, der zu nah am Haus entlang wächst, haben wir das Dach ausgeschnitten und die Stelle mit Blechen und Folie wieder abgedichtet. Den Ast hatten wir ja mit einem Seil schon etwas zurückgespannt, sodass er das Haus nicht mehr berührt.

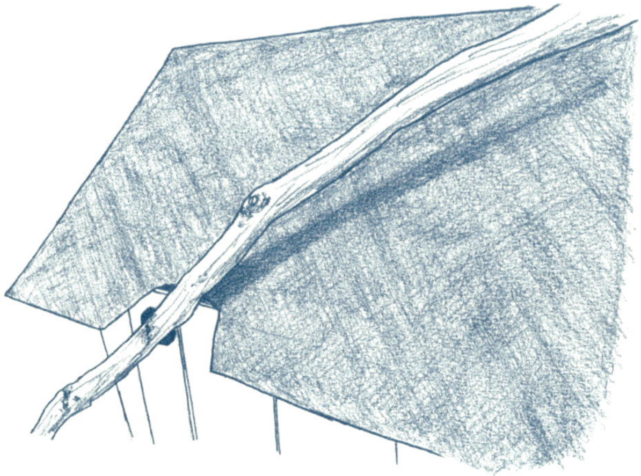

10

Hast du die Sichtschalung überall verlegt, verkleide das ganze Dach mit Folie bzw. Dachpappe. Fange auf jeder Dachseite mit einer Bahn unten an und lege eine weitere Bahn über den First. Damit hast du bei unserem kleinen Dachformat bereits ein dichtes Dach mit ordentlich Überlappung zwischen beiden Folien/Dachpappen. Dann tackere diese fest, schlage sie an den Rändern etwas um, fertig.

11

An der Stelle mit dem Ast schneidest du die Folie/Pappe sorgfältig mit einigen Zentimetern Überstand um den Rand der ausgeschnittenen Öffnung aus.

Anschließend kannst du entweder mit Lattung und Konterlattung weitermachen, oder so wie wir bei unserem Baumhaus ohne Lattung gleich das Blechdach befestigen.

FÜR DIE VERSION MIT LATTUNG SPRICHT:
Das Dach ist besser hinterlüftet, es kann sich keine Staunässe bilden, die die Lebensdauer des Daches verkürzt.

FÜR DIE VERSION OHNE LATTUNG SPRICHT:
Es ist wesentlich weniger Aufwand, das Dach ist auch ohne Lattung dicht. Eine Hinterlüftung des Daches ist nicht unbedingt notwendig, da das Haus nicht gedämmt ist und Staunässe schnell wieder trocknet. Aufprasselnder Regen ist ohne Lattung etwas leiser auf dem Blechdach.

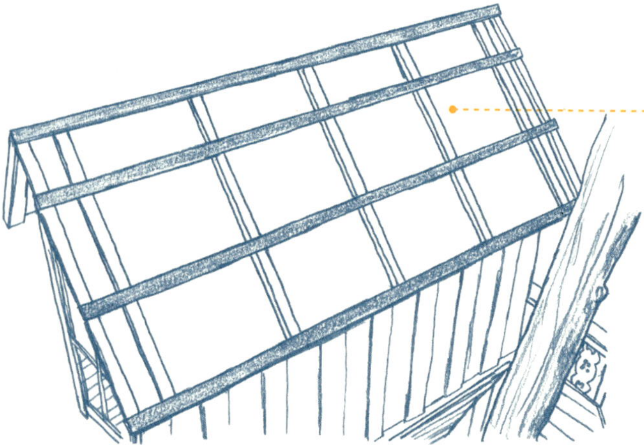

Wenn du mit Lattung arbeiten willst, schraube zunächst die Konterlattung an, also eine Dachlatte über jedem Sparren. Darauf schraubst du die Lattung, quer zur Konterlattung und mit einem Abstand von max. 40 cm zueinander. Beginne unten und arbeite dich nach oben bis zum First. Auf dieser Lattung befestigst du anschließend die Trapezbleche.

4.11 Trapezbleche

1

Die Trapezbleche sollten später 3 cm über die Traufbretter überstehen, damit das Regenwasser gut abtropfen kann. Für die Ermittlung der benötigten Menge an Trapezblechen teile deine Dachbreite durch die Trapezblechbreite. Addiere dabei zwei Stege Überlappung von Blech zu Blech mit ein, damit das Dach dicht ist.

Zeichne mit Hilfe einer geraden Latte eine Linie und kürze die Trapezbleche auf die passende Länge.

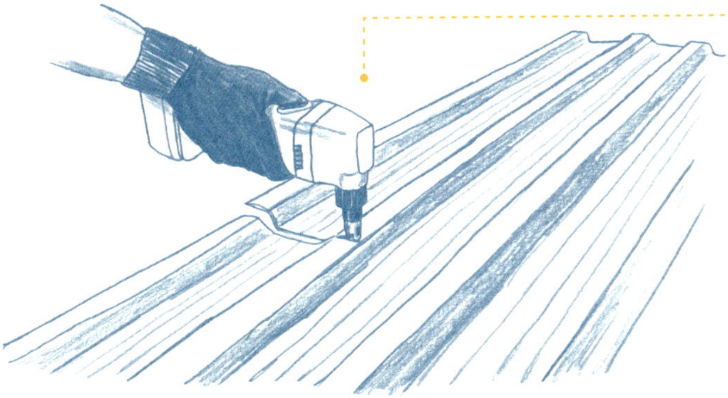

2

Ein elektrischer Blechschneider ist besonders für längere Strecken bequemer als eine Blechschere. Auf keinen Fall die Trapezbleche mit der Flex durchschneiden, da die Funken kleine Löcher in die Beschichtung brennen und das Blech schneller rosten kann.

⚠ Vorsicht! Die Kanten der Bleche sind sehr scharfkantig, arbeite also am besten mit gummierten Arbeitshandschuhen.

3

Verschrauben kannst du das Trapezblech am Dach grundsätzlich entweder in der sogenannten Hoch- oder Tiefsicke. Also mittig auf den Stegen (hoch) oder zwischen den Stegen (tief). Bei flachen Dächern oder niedrigen Blechprofilen empfehlen wir die Hochsicke, bei steilen Dächern oder hohen Blechprofilen die Tiefsicke. Wir haben die Hochsicke gewählt. Allein deshalb, weil unsere Spenglerschrauben sonst zu lang gewesen und unten durch die Sichtschalung gedrungen wären.

Achte bei der Verschraubung in der Hochsicke darauf, gerade zu schrauben, nicht zu fest und dass nichts eingedrückt wird. Am besten erreichst du dies durch eine große Dichtscheibe (>19 mm) oder passende „Kalotte" unterm Blech.

Bei der Verschraubung in der Tiefsicke achte ebenfalls darauf, gerade und nicht zu fest zu schrauben.

Die Bleche inklusive des passenden Befestigungsmaterials bekommst du in jedem Baumarkt. Die Abbildung zeigt dir die empfohlenen Schraubenabstände für die Trapezbleche.

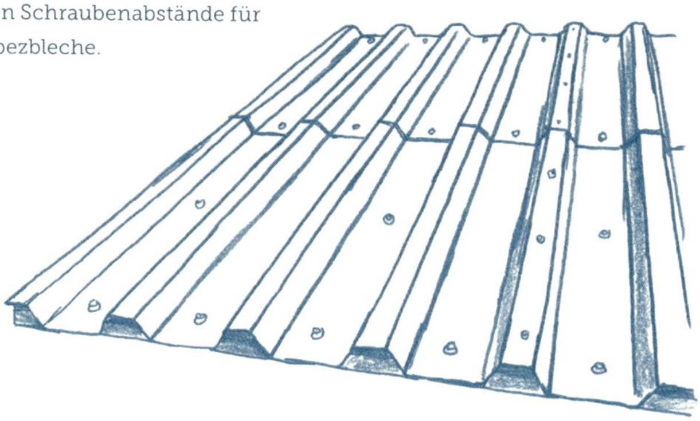

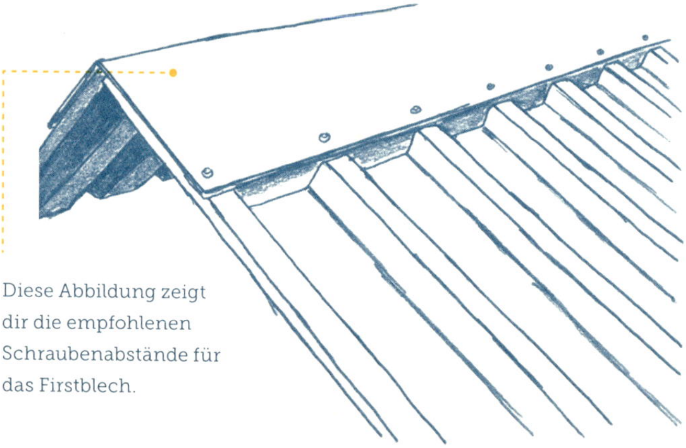

Diese Abbildung zeigt dir die empfohlenen Schraubenabstände für das Firstblech.

4

Mit dem Trapezblech sah die Stelle mit dem Ast bei uns am Ende so aus. Wir haben das Blech so ausgeschnitten, dass es noch so viel wie möglich über die ausgeschnittene Sichtschalung darunter überstand. Die Blechkante haben wir mit etwas Schaumgummi entschärft, das wir mit Montagekleber befestigt haben. Ein alter Fahrradschlauch oder Ähnliches erfüllt dort auch seinen Zweck. Immer noch sehr nah am Haus, der Ast, aber so sollte es funktionieren.

4.12
Windfangbretter

1

Montiere abschließend die Windfangbretter (s. Plan, Seite 49–52). Diese sorgen für zusätzliche Dichtheit des Daches auch bei Schlagregen, indem sie die Giebelseiten abdecken. Auch starker Wind kann den Blechen so nichts anhaben.

Schraube dazu erst die seitlichen Bretter mit 5 x 60-mm-Schrauben so an die Flugsparren, dass ihre Oberkante bündig mit der Oberkante deiner Bleche ist.

2

Verschraube als Nächstes die Deckbretter von oben mit den seitlichen Brettern und zwar mit leichtem Überstand nach außen. Hier sind 4 x 50-mm-Schrauben ausreichend. Du kannst dazu z. B. einen Zollstock wie im Bild ans seitliche Brett halten und das Deckbrett um die Zollstock-Breite überstehen lassen. Dann hast du die 16 mm Überstand aus dem Plan einfach und ohne Messen übertragen.

3

Schraube dann die Traufbretter an die Sparrenköpfe, sodass die Bleche mit ihrem Überstand darüber liegen und das Wasser abfließen kann. Da du hier in Hirnholz schraubst, nimm ausreichend lange Schrauben, mindestens 5 x 70 mm.

4.13 Alternative Dacheindeckungen

Bitumen-schindeln

Diese gibt es meist in Rot, Grün und Anthrazit. Die Verlegung ist recht einfach und schnell und funktioniert auf allen Dächern ab einer Dachneigung von 15°.

+ günstige und haltbare Variante
+ einfach zu verarbeiten
- nicht besonders umweltfreundlich
- bei Baumhäusern optisch meist nicht so ansprechend wie andere Varianten

Dachpappe oder Schweißbahn

Dachpappe ist schnell verlegt. Sie ist jedoch als Unterspannbahn eher geeignet, das bedeutet, wenn darüber noch eine andere Lage kommt. Als Dachdeckung ist sie eigentlich nur vorübergehend geeignet. Die Schweißbahn hingegen ist dauerhafter und auch für Flachdächer geeignet. Sie muss aber mit einem Bunsenbrenner und fachkundig verlegt werden.

+ günstige Variante
+ einfach zu verarbeiten
- nicht sehr dauerhaft
- optisch bei Baumhäusern meist nicht so ansprechend wie andere Varianten

Holz-schindeln

Es gibt sie z. B. aus Lärche, Eiche, Rot- und Weißzeder in unterschiedlichen Qualitäten, gesägt oder gehackt. Unserer Meinung nach ist das die schönste Methode, ein Baumhaus zu decken, da es das Baumhaus optisch am besten mit seiner natürlichen Umgebung verbindet. Auch wenn die Verlegung eher anspruchsvoll ist und nur ab einer Dachneigung von 22° ohne weitere Maßnahmen zu empfehlen ist.

+ optisch sehr ansprechend
+ sehr dauerhaft
+ umweltfreundlich, da nachwachsend
- teuer
- aufwendig zu verlegen

☞ Wie welche Methode genau funktioniert, entnimmst du am besten den Verlegeanleitungen der jeweiligen Hersteller. Das Verlegen von Holzschindeln auf dem Dach oder auch der Wand ist etwas anspruchsvoller. Hier gibt es einiges zu beachten, damit man auf lange Sicht ein dichtes Dach hat. Tipps dazu kann dir dein Schindelhändler geben, sonst wirst du auch im Internet oder in entsprechender Fachliteratur fündig.

4.14
Geländer

Wir möchten dir noch mehr Raum für eigene Ideen bieten. Darum stellen wir dir hier ein Geländer vor, das zwischen den Stehern individuell gestaltet werden kann.

Bei unserem Geländer haben wir Ornamentbretter wiederverwendet, die wir von einem alten Bauernhaus abgeschraubt haben – mit Erlaubnis der Besitzer natürlich. Diese haben wir dann in den freien Raum zwischen den Stehern geschraubt. Du kannst aber auch einfach Lärchenstäbe nehmen (25 x 45 mm), dicke stabile Äste – am besten Eiche oder anderes Hartholz –, dir selbst Ornamentbretter schneiden oder mit Seilen arbeiten. Achte nur darauf, dass alles stabil ist und die Zwischenräume zwischen den einzelnen Elementen nicht größer sind als 10 cm. So können Kleinkinder nicht mit dem Kopf steckenbleiben.

WERKZEUG

- Grundausstattung (s. S. 22)
- Kappsäge

MATERIAL

- Lärche gehobelt im Querschnitt 7 x 7 cm
- Lärchenbretter 25 mm stark für die Handläufe
- Lärchenbretter 2 x 19 cm für die inneren und äußeren Bretter sowie die Ober- und Untergurte
- oder Lärchenlatten 25 x 45 mm
- Edelstahl-Schrauben:
  5 x 60 mm
  6 x 120 mm
  6 x 140 mm

In der Werkstatt können sie beim Messen und Anzeichnen helfen. Das Arbeiten mit der Handsäge erreicht hier den nächsten Schwierigkeitsgrad: Statt wie bisher Fichte wird jetzt Lärche in größeren Querschnitten gesägt. Da kommt man etwas schneller ins Schwitzen. Kinder können auch die Gestaltung der Freiräume zwischen den Stehern übernehmen. Es ist dabei darauf zu achten, dass das Ergebnis dauerhaft und stabil ist.

In der Werkstatt

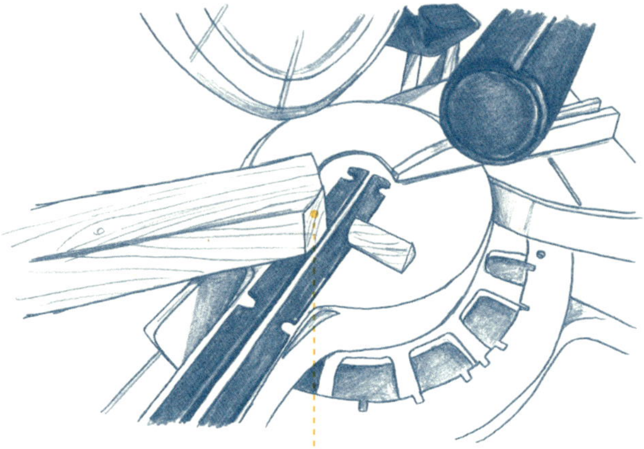

1

Schneide alles Material für die einzelnen Geländerelemente wie im Plan Seite 53–59 angegeben vor und beschrifte jedes Bauteil wieder an einer später unsichtbaren Stelle. Die inneren und äußeren Bretter sowie die Ober- und Untergurte lassen sich alle aus den 2 x 19-cm-Lärchenbrettern heraus säumen. Alternativ kannst du auch 25 x 45-mm-Lärchenlatten nehmen.

2

Schneide die unteren Steher-Enden bei 2 cm mit 45° an. Das sieht schöner aus als ein durchgehender 90°-Schnitt.

3

Baue dann die Geländerelemente wie im Plan dargestellt zusammen. Das innere Brett steht zu beiden Seiten der Steher immer 2 cm über, das äußere dagegen unterschiedlich viel, siehe ebenfalls die Angaben im Plan.

4

Zeichne die Stellen an, an denen die Geländerteile aufeinander liegen (siehe jeweilige Seite im Plan). Bohre in die schmalen Bretter auf jeden Fall vor, sodass sie nicht reißen. Achte darauf, alles im rechten Winkel zueinander zu montieren.

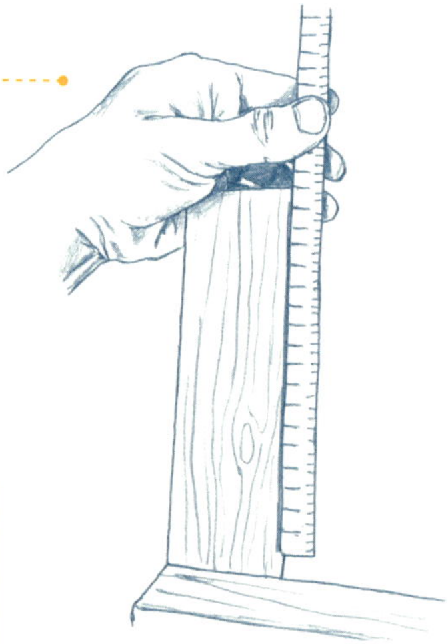

☞ Wenn du den Handlauf für mehrere Geländerteile in einer Reihe aus einem langen Brett herausschneidest, hast du später eine fortlaufende Maserung und der Handlauf sieht fein abgeschliffen fast aus wie aus einem Stück.

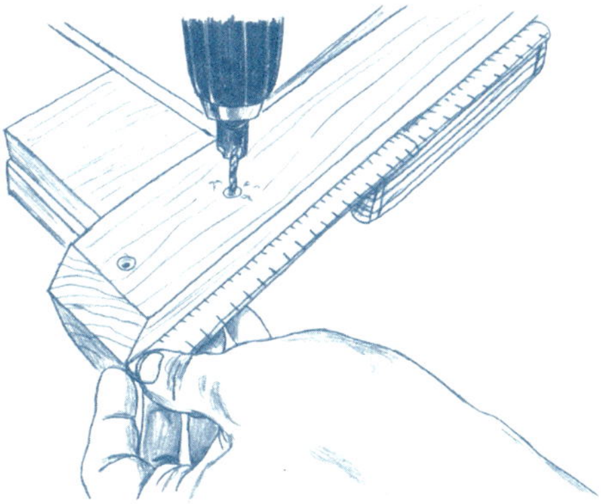

5

Schraube die Handlaufbretter mit 4 x 50-mm-Schrauben auf die inneren und äußeren Bretter. Wähle dabei einen gleichmäßigen Abstand von 3 cm von den Schrauben zum Rand, damit nichts reißt und du danach ein schönes Schraubenbild hast.

6

Bohre auch die Schraublöcher für die Steherbefestigung an der Plattform vor. Deine Plattform ist 12 cm hoch, du solltest die obere Schraube also nicht höher als 10 cm setzen, sodass sie noch genug Holz hat, in dem sie später dein Geländer sicher halten kann. Die untere Schraube setzt du knapp über deinem 45°-Schnitt, also bei 3 cm oberhalb vom Steher-Ende.

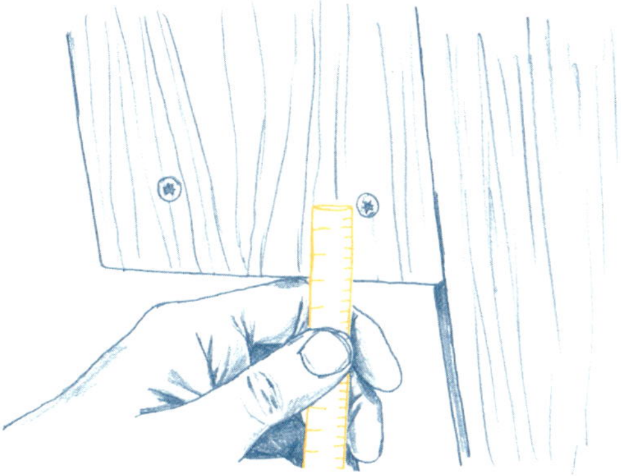

Auf der Baustelle

7

Jetzt kommen die vorgefertigten Geländerelemente an ihre vorgesehenen Plätze. Für zusätzliche Stabilität gib etwas Leim zwischen Steher und Plattform.

Eine*r hält, eine*r schraubt. Die Steher müssen unten bündig mit der Plattform-Unterkante sein. Seitlich haben die Steher immer einen Abstand von 2 cm zur Plattformecke. So geht das Element für Element dahin.

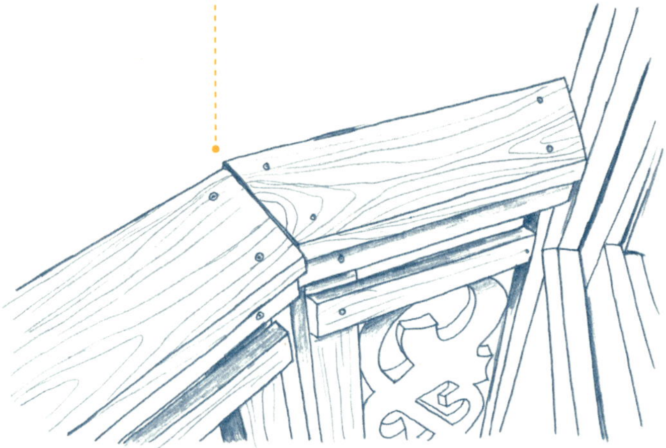

8

Wenn du oben einen leichten Höhenversatz hast, ist das nicht weiter schlimm. Du kannst ihn anschließend mit einem Schleifgerät wieder schön plan schleifen.

Gib auch etwas Leim zwischen die Handlaufteile, bevor du sie zusammenschraubst. Bohre erst vor, dann schraube die Elemente mit 5 x 70-mm- Schrauben zusammen.

9

So sieht unser Geländer fertig aus.

4.15 Geländervarianten

Wenn du eine andere Variante als unsere mit den Ornamentbrettern vorhast, haben wir hier ein paar alternative Beispiele.

Seile

Du kannst sie entweder horizontal spannen oder von oben nach unten laufend zwischen die Steher flechten. Beides kann sehr schön aussehen, vor allem wenn du hanffarbene Seile verwendest. Auf jeden Fall solltest du stabile Polypropylenseile nehmen. Seile aus Hanf halten der andauernden Bewitterung nicht lange stand. Bedenke aber, dass horizontal gespannte Seile kleine Kinder wahrscheinlich dazu auffordern werden, wie auf einer Leiter hinaufzuklettern. Das birgt also ein gewisses Gefahrenpotenzial.

Äste

Sie sehen an einem Baumhausgeländer schön organisch aus und verbinden das Haus optisch mit seiner Umgebung. Die Äste kannst du entweder in regelmäßigen Abständen von maximal ca. 10 cm zueinander montieren oder wild durcheinander, sodass sie wirken wie ein großes Vogelnest. Behalte aber bei der Vogelnest-Variante ebenfalls den Höchstabstand von ca. 10 cm im Hinterkopf. Achte außerdem bei der Auswahl deiner Äste auf einen Mindestdurchmesser von 3 cm. Verwende zudem nur gut erhaltene Äste, möglichst von harten Laubbäumen. Ohne Rinde sind diese sicher dauerhafter, da sie schneller wieder trocknen, aber mit Rinde doch etwas schöner.

Geländerstäbe

Du kannst sie in Abständen von maximal 10 cm zueinander senkrecht zwischen deine Steher montieren. Das sieht nicht nur schön aus, sondern ist auch unkompliziert und hält lange.

4.16
Schiffsleiter

Dein Baumhaus ist beinahe fertig! Nun fehlt nur noch das Verbindungsstück zwischen Himmel und Erde - die Leiter.

Einer der schönsten Wege hinauf und gleichzeitig relativ einfach zu bauen ist die Schiffsleiter. Diese hat ein integriertes Geländer, damit du dich auf dem Weg nach oben gut festhalten kannst. Vorbereiten kannst du hier vieles allein, beim Zusammenbauen müsst ihr aber zu zweit sein, sonst kann es sehr umständlich werden. Einen ganzen Tag solltest du hierfür einplanen.

WERKZEUG

- Grundausstattung (s. S. 22)
- Stichsäge
- Handkreissäge oder Tauchsäge oder Tischkreissäge
- Oberfräse mit Abrund-Fräskopf
- 12-mm-Bohrer
- 30-mm- Forstnerbohrer
- Flex
- Zirkel oder runde Gegenstände mit einmal 3 cm Durchmesser und einmal 9 cm Durchmesser
- Spaten
- Schaufel
- Spitzhacke
- Maurerkelle
- Mörteleimer
- Schnellbeton/Zement (Ruck-Zuck-Beton)
- Rühraufsatz für Bohrmaschine

MATERIAL

- Lärchenriegel 5 x 20 cm
- 12-mm-Holzdübel
- L-Pfostenträger
- 6 x 120-mm-Edelstahl-schrauben
- M12-Gewindestangen mit passenden Unterlegscheiben und Muttern
- 6 x 50-mm-Tellerkopf-schrauben

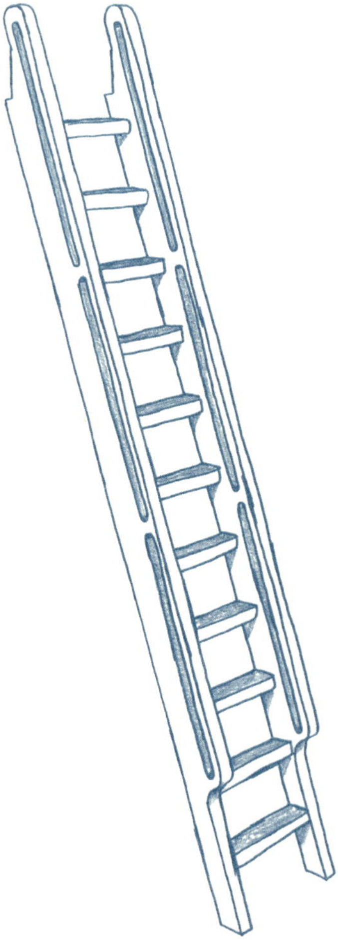

In der Werkstatt können sie beim Messen und Anzeichnen helfen. Das Zuschneiden der Teile können sie teilweise auch über-nehmen. Spätestens jetzt sollten sie im Umgang mit der Hand-säge echte Profis sein. Beim Zusammenbauen der Leiter am Ende des Tages können sie auch gut mitarbeiten. Die ganz Kleinen dürfen natürlich nach der Montage mit deiner Hilfe die Leiter einweihen und hoch- und runterklettern.

In der Werkstatt

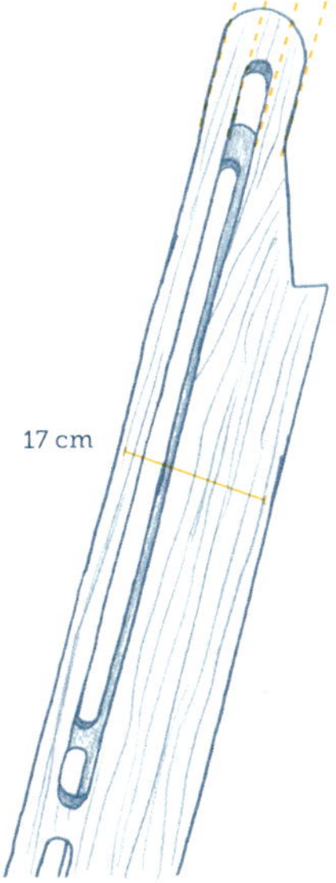

1

Länge alle notwendigen Teile wie im Plan auf Seite 60 angegeben ab. Besäume sie auf die angegebene Breite, wo nötig, und lege sie auf deiner Arbeitsfläche zurecht.

2

Danach geht es zuerst ans Geländer deiner Schiffsleiter, beziehungsweise den Handlauf. Dieser soll 3 cm breit sein, das Langloch darunter ebenfalls. Insgesamt sind die Wangen jeweils 17 cm breit. Es bleiben also 11 cm Platz zur Installation der Leiterstufen zwischen den Wangen übrig.

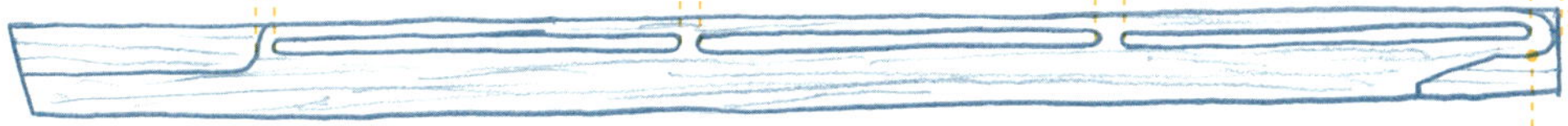

3

Lege die erste Leiterwange vor dich auf den Arbeitstisch. Zeichne wie oben angegeben die Punkte für deine Bohrungen an.

ARBEITSSCHRITTE

- Gehe vom rechten Ende der Wange 6 cm hinein, dann von oben 4,5 cm nach unten. Markiere diesen Punkt.
- Von diesem Punkt 73,1 cm nach links, 4,5 cm nach unten. Punkt markieren.
- Von diesem Punkt 6 cm nach links, 4,5 cm nach unten. Punkt markieren.
- Jetzt wieder 73,1 cm nach links, wieder 4,5 cm nach unten Punkt markieren.
- Weiter von diesem Punkt aus 6 cm nach links, 4,5 cm nach unten. Punkt markieren.
- Von diesem Kreuz 74,6 cm nach links und wieder 4,5 cm nach unten. Punkt markieren.

4

Am rechten Ende deiner Wange zeichnest du als Nächstes mit einem Zirkel rund um die erste Markierung einen Kreis mit 4,5 cm Radius. Danach sägst du mit einer Stichsäge entlang der Linie. So bekommst du einen schön gerundeten Handlauf-Abschluss. Wenn du keinen Zirkel hast, kannst du auch einen Gegenstand mit 9 cm Durchmesser nehmen.

5

An jeder deiner Markierungen bohrst du jetzt mit dem 30-mm-Forstnerbohrer ein Loch. Verbinde die Löcher auf ihren Außenseiten mit einer Linie, an der entlang du die Langlöcher ausschneidest. Hast du eine Tauchsäge mit Schiene, kannst du diese direkt an den Lochaußenseiten anlegen und sägen. Beachte dabei die Dicke des Sägeblattes, für einen fließenden Übergang zwischen rundem Loch und geradem Schnitt. Achte darauf, dass du die kleinen Stege zwischen den Löchern stehen lässt und sie nicht versehentlich durchsägst. Markiere deutlich, wo du jeweils aufhören musst zu sägen. Da du mit der Tauchsäge nicht ganz bis zum Loch sägen kannst, sägst du das verbleibende Stückchen mit einer Stich- oder Handsäge aus.

☞ Lege dir ein Brett unter die Stelle, an der du bohrst. Damit reißt das Holz der Wange auf der Unterseite nicht aus, wenn du mit dem Bohrer durchstößt.

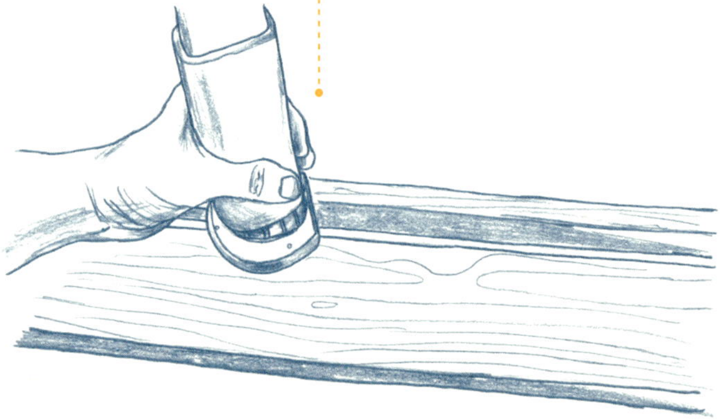

6

Nun kannst du mit einer Oberfräse und Abrund-Fräskopf die Kanten brechen, d. h. schön rund fräsen, damit der Handlauf später angenehm anzufassen ist. Dafür fährst du mit einer gleichmäßigen, zügigen Bewegung mit der Oberfräse das Langloch entlang.
Um den Handlauf noch glatter zu machen, schleifst du die Wangen am besten mit einem Exzenterschleifer und 120er-Papier ab.
So entfernst du auch eventuelle Brandspuren vom Sägen oder Fräsen.

7

Wiederhole alle Schritte mit der zweiten Wange. Du kannst die zweite Wange aber auch einfach kopieren, indem du die erste darauflegst und die Umrisse mit einem Bleistift auf die zweite Wange überträgst.

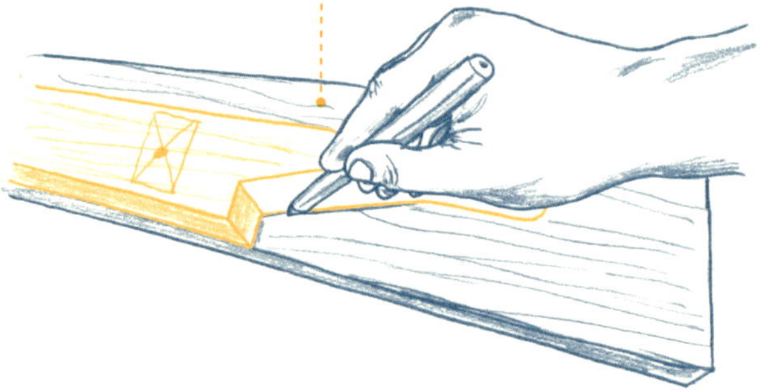

8

Zeichne dann die im Plan angegebenen Kettenmaße auf beiden Wangen an. Jede Stufe ist 23,2 cm von der nächsten entfernt, entlang der Wange gemessen. Die Kettenmaße sind also 23,2 + 23,2 + 23,2 +… je nach Höhe deiner Plattform.

9

Nimm vom unteren Wangenende mit einer Schmiege die 72,4° ab und zeichne an jedem Punkt deiner Maßkette eine Linie in diesem Winkel. Nimm eine deiner Stufen und halte sie an die Linie, unterhalb dieser. Umreiße jetzt die Stufe mit einem Bleistift. Das wiederholst du an jeder Linie.

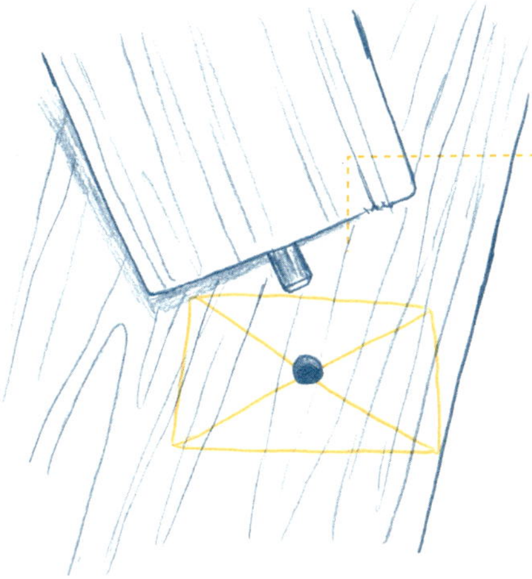

10

Anschließend ziehst du mit einem Bleistift von Ecke zu Ecke ein Kreuz in jedes dieser entstandenen Rechtecke, sodass du jeweils den Mittelpunkt bekommst.

Dann bohrst du mit dem 12-mm-Bohrer senkrechte Löcher mit mindestens der halben Dübellänge als Tiefe in alle dieser angezeichneten Mittelpunkte.

11

Das gleiche machst du bei allen Stufen, jeweils auf beiden Seiten.

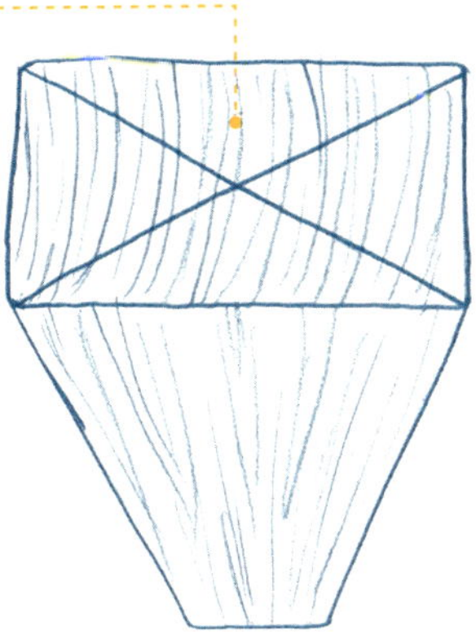

12

Jetzt runde auch die Stufenkanten mit der Oberfräse ab. Ziehe diesen Schritt nicht vor, sonst sind die Mittelpunkte schwieriger anzuzeichnen!

Probiere, ob die Stufen alle passen und die Löcher tief genug gebohrt sind.

13

Gib etwas Leim um alle Dübellöcher und stecke die Dübel in beide Seiten der Stufen. Stecke diese auf die Löcher in den Wangen, bis alle Plätze besetzt sind.

14

Lege die zweite Wange darauf und stecke alle Dübel Stufe für Stufe in die Löcher, bis die Wange auf allen Stufen aufliegt. Das geht am besten zu zweit. Kontrolliere, ob deine Stufen alle noch im richtigen Winkel stehen. Danach presst du die Wangen mit mehreren Schraubzwingen zusammen. Nun bohre 2 cm unterhalb der dritten und unterhalb der neunten Stufe (von unten gezählt) mit dem 12-mm-Bohrer ein Loch durch beide Wangen. Durch diese steckst du eine 54 cm lange Gewindestange. Füge auf beiden Seiten noch eine Unterlegscheibe und eine Mutter hinzu, ziehe alles fest und fertig! Lass den Leim über Nacht trocknen und löse erst dann die Schraubzwingen.

Auf der Baustelle

15

Am hinteren Ende deiner Plattform ist noch eine Lücke im Geländer, dort fehlt eindeutig eine Schiffsleiter. Stelle sie dort an, bis die sogenannten Klauen von unten an die Plattform stoßen. Liegt die Leiter an der Plattform schön an, markiere die Punkte am Boden, wo die Leiter aufsteht. Schneide die Leiter unten ab, sodass sie ca. 5–10 cm über dem Boden „schwebt". Sie wird später auf kleine Füße gestellt. Außerdem schützt sie der Abstand zum Boden vor Feuchtigkeit. Nun gräbst du kleine Fundamente mit ca. 20 cm Durchmesser und 40 cm Tiefe, jeweils dort, wo du die Punkte am Boden markiert hast.

16

Schraube dann L-Pfostenträger innenseitig an deine Wangen. Wähle dazu am besten 6 x 50-mm-Tellerkopfschrauben oder andere möglichst dicke Schrauben. Wenn die Pfostenträger zu groß sind, flexe sie wo nötig ab. Versiegle anschließend die Schnittkanten mit Zinkspray. So rosten sie später nicht.

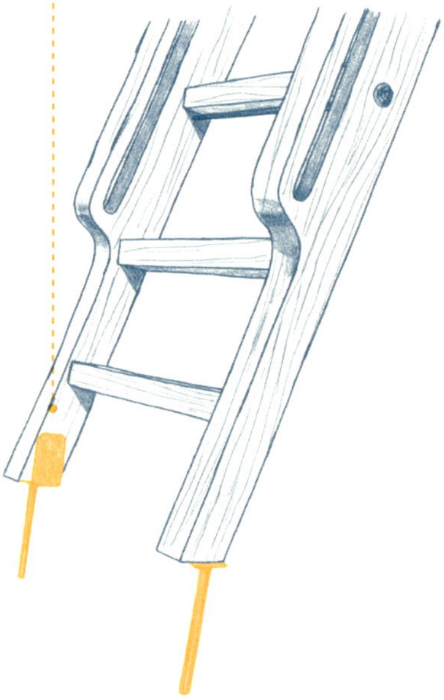

☞ Wenn du die Wangen der Leiter mit den Schraubzwingen zusammenpresst, lege kleine flache Holzstücke zwischen Zwinge und Wange, damit keine Abdrücke entstehen.

17

Rühre dann wie gewohnt den Beton an und gieße ihn bis zum Rand in die Löcher. Stelle die Leiter mit den Pfostenträgern in den Beton, sodass die Klauen wieder gut an der Plattform anliegen. Bestreiche die Klauen vorher mit etwas Leim und verschraube sie anschließend mit der Plattform. 6 x 120-mm-Schrauben müssten dort passen. Stelle die Leiter unten auf Latten, Bretter oder Klötze, die du über die Fundamente legst, sodass die Leiter gehalten wird, bis die Fundamente ausgehärtet sind.

Jetzt hast du Zeit, dir das Baumhaus von unten anzusehen, bis die Fundamente ausgehärtet sind. So lange darf nämlich niemand mehr hinauf! Sonst besteht die Gefahr, dass sich die Pfostenträger im feuchten Beton lose wackeln.

Es ist nicht zwingend erforderlich, dass du die Leiter einbetonierst und anschraubst. Allerdings steht sie so stabiler und ist vor Bodennässe geschützt. Alternativ kannst du sie auch als Anlegeleiter verwenden. Dann kannst du sie wegnehmen, wenn du mal nicht zu Hause bist, und dein Baumhaus so vor ungewünschten Gästen schützen.

Nun, da die äußere Hülle fertig ist, wenden wir uns dem Inneren zu. Was wäre so ein Nest in der Baumkrone ohne einen schönen Boden, Isolierung für spontane Pyjama-Partys oder gemütliche Möbel? Wenn dein maßgeschneidertes Baumhaus nicht zu der Massenware aus dem bekannten skandinavischen Möbelhaus passt und das Sammlerstück vom Flohmarkt hier oben seltsam deplatziert aussieht, verzweifle nicht. Hier bieten wir dir Ideen für maßgefertigte Möbel, die sich organisch in ihre Umgebung einfügen und deinem Baumhaus den nötigen Charme und Komfort geben.

5

Die Innenausstattung

5.1 Bodendielen

Dein oberes Stockwerk braucht noch einen Boden. Mehr gibt es dazu nicht zu sagen, also fangen wir an!

WERKZEUG

- Grundausstattung (s. S. 22)

MATERIAL

- Dielenbretter mit Nut und Feder
- Dielenschrauben (Edelstahl) 3,2 x 50 mm
- Bodenleiste 3 x 3,5 cm

In der Werkstatt

1

Schneide dir die Bodendielen auf die erforderliche Länge, in unserem Fall 126 cm. Ziehe von der Raumbreite auf jeder Seite 1 cm ab. So kannst du da oben besser arbeiten und musst die Bretter nicht hineinzwängen.

Auf der Baustelle

2

Fange beim Verlegen der Dielenbretter vorne beim Fenster mit der ersten Diele an, dort hast du einen schönen geraden Ausgangspunkt.

Kinder, die schon gut mit dem Akkuschrauber umgehen, dürfen hier die Bodendielen und im Anschluss die Leisten anbringen. Außerdem können sie sich bereits Gedanken zur Inneneinrichtung machen und schon ein paar Einrichtungsgegenstände wie Kissen, Bücher oder Bilder zusammensuchen.

3

Lege die Diele mit der Nut bündig an die Wand, sodass links und rechts jeweils 1 cm Abstand zu den seitlichen Wänden bleibt. Schraube sie mit einer Dielenschraube möglichst nah an der Wand in jeden darunterliegenden Balken. Dann setzt du über jedem Balken jeweils eine Dielenschraube an der Nut so an, dass du sie schräg mit ca. 45° von dir weg in die Diele schraubst. Die Schraube muss anschließend vollständig versenkt sein, damit du die nächste Diele wieder bündig verlegen kannst. Passe bei diesem Schritt auf, dass du die Nut nicht abbrichst! Übe davor am besten an einem Verschnittstück.

4

So fährst du mit jeder Diele fort. Mit einem Hammer und etwas zum Unterlegen kannst du die Dielen bündig aneinander klopfen, bevor du sie anschraubst. Wenn du an der Bodenöffnung für den Aufstieg ankommst, länge dort die Dielen entsprechend ab.

5

Am Schluss versiehst du die Ränder noch mit einer Bodenleiste. Säume dir eine 3 cm starke und 3,5 cm hohe Leiste zurecht und schneide sie auf Gehrung passgenau zu. Schraube sie dann mit Dielenschrauben an die dahinterliegenden Wandriegel. Wenn deine Bodendielen 2,5 cm stark sind, müssten nun die Oberkanten der Bodenleisten und der Wandriegel dahinter auf gleicher Höhe sein.

So sieht das Ganze dann fertig aus. Matratze drauf, Kissen rein und ausruhen!

5.2

Möbel und Einrichtung

Dein Baumhaus steht, neugierige Eichhörnchen sind zum Test schon darauf herumgesprungen, und die ersten Vögel haben sich zur Miete angemeldet.

Aber damit es so richtig gemütlich wird, fehlt noch die Innenausstattung. Hier hast du die freie Wahl und unzählige Möglichkeiten, kreativ zu werden. Dabei kommt es immer darauf an, für welchen Zweck du dein Baumhaus nutzt. Für ein Spielhaus benötigst du eine andere Einrichtung als für ein Arbeitszimmer oder ein Gästezimmer. Deshalb präsentieren wir dir in diesem Kapitel die Grundausstattung: einen Tisch und eine Sitzbank, die du selbst bauen kannst. Einen ganzen Tag solltest du dafür schon veranschlagen. Eine helfende Hand benötigst du hier eigentlich nicht, arbeitet jedoch aus Sicherheitsgründen bitte trotzdem zu zweit.

Zwei einfache Möglichkeiten, dein Baumhaus mit selbstgebauten Möbeln auszustatten

Da dein Baumhaus komplett in Holzrahmenbauweise gebaut ist und keine Innenschalung hat, hast du an den Wänden überall gute Möglichkeiten, etwas festzuschrauben. Wenn du also ein Sitzmöbel oder ein Bett einbauen möchtest, ist ein Teil der dafür notwendigen Füße schon vorhanden. Schraube dein Möbel an die Wand, dann musst du es nur noch vorne mit Füßen versehen.

Unsere vorgestellten Möbel sind sehr einfach zu bauen. Nachdem du gerade ein ganzes Baumhaus gebaut hast, sollte bis auf die Tischplatte alles benötigte Material in deinem Restholz zu finden sein.

Das Prinzip für die beiden hier gezeigten Stücke ist in etwa dasselbe: Ein auf Gehrung geschnittener Rahmen, der eine Sperrholzplatte (als Tischplatte) oder gehobelte Bretter (für Sitzfläche und Rückenlehne der Bank) trägt. Die Beine und die tragenden Rahmen werden aus Reststücken von Fichtenholzlatten (6 × 6 cm) hergestellt.

WERKZEUG

- Grundausstattung (s. S. 22)
- Kappsäge
- Tischkreissäge

MATERIAL

- Verschnittholz von Fichtenriegeln 6 x 6 cm und gehobelten Brettern
- 25 mm 3-Schicht-Holzplatte 67,5 x 76,0 cm
- Edelstahlschrauben:
  4 x 50 mm
  5 x 70 mm
  6 x 100 mm

Wie in den Kapiteln zuvor können Kinder hier ebenfalls beim Messen und Anzeichnen helfen. Außerdem ist hier natürlich ihre Kreativität gefragt, damit das Baumhaus lange Zeit ihr Lieblingsort bleibt. Beim Bauen von einfachen Möbeln und Gegenständen handelt es sich meist um überschaubare Projekte, die oft mit Handwerkzeug gefertigt werden können.

Sitzbank

Zwischen Eingangstür und Erkersitzbank ist etwa an der Wand noch Platz für eine weitere Sitzbank. Wir haben unsere Bank auf gleicher Höhe wie die Riegel im Erker an der Wand, d. h. 36 cm hoch, gemessen vom Boden bis zur Oberkante der 6 x 6-cm-Latte, angebracht.

Schneide für den Rahmen zwei auf Gehrung geschnittene 6 x 6-mm-Riegel mit 88,5 cm Länge zurecht sowie zwei ebenfalls auf Gehrung geschnittene 6 x 6-mm-Riegel mit 44 cm Länge. Dazu noch zwei Füße mit 36 cm Länge.

Wenn der Rahmen der Sitzfläche dann mit Brettern belegt ist, ist sie auf der gleichen Höhe wie die der Fensterbank von Seite 117.

Um die Rückenlehne an der Wand zu befestigen, brauchst du eine Latte in der richtigen Höhe. Schneide zwei 6 x 6-cm-Latten zu und schneide eine Gehrung von 27,4 Grad jeweils an einem Ende der beiden Latten. Montiere sie in einer Höhe von 82,5 cm, gemessen vom Boden bis zu ihren Oberkanten. Nun kannst du dort Bretter für die Rückenlehne befestigen.

Tisch

Schneide dir die Platte auf die gewünschte Größe zu oder lass das gleich im Baumarkt machen. Um die Kanten etwas schöner zu machen, kannst du rundum schmale Leisten (6 x 30 mm) anleimen, die du aus Lärchenbrettern säumst. Schneide sie mit 45°-Gehrungsschnitten an jedem Ende auf die entsprechenden Maße. Leime sie anschließend an die Kanten deiner Platte, sodass die Leiste nach oben 5 mm übersteht. Am besten arbeitest du hier mit Schraubzwingen und lässt alles über Nacht aushärten.

Schneide für den Rahmen vier 6 x 6-cm-Riegel auf Gehrung und auf die passenden Längen und schraube sie zusammen. Anschließend leimst du diesen Rahmen von unten an die Tischplatte, mit jeweils 4 cm Abstand zur Außenkante der Platte. (Kleine Schrauben von oben durch die Platte sind erlaubt. Später kannst du die Schraublöcher in der Tischplatte mit etwas Holzkitt kaschieren und plan schleifen.)

Schneide vier Tischbeine mit 76 cm Länge zurecht und schraube sie von innen in die Ecken des Rahmens.

5.3
Dämmung

Dein Baumhaus ist fertig, und du hast noch nicht genug. Du möchtest weiterbauen, deine Erfahrung nutzen und diesen schönen Ort, den du mit deinen eigenen Händen geschaffen hast, noch schöner machen.

Kindern macht es an dieser Stelle Spaß, die Dämmung in die Ritzen zu stecken, und sie können dir auch wieder beim Vermessen und Anzeichnen helfen.

Ein erster Schritt wäre z. B. das Dämmen und das Anbringen einer Innenverkleidung der Wände. Damit würdest du dein Baumhaus ganzjährig nutzbar machen.

Es gibt viele Möglichkeiten, dein Baumhaus zu dämmen. Wirklich in Frage kommen unserer Ansicht nach jedoch nur Dämmstoffe aus natürlichen Materialien. Eine bewährte Methode ist das Dämmen mit Faserdämmplatten. Diese gibt es von diversen Herstellern in verschiedenen Qualitäten z. B. aus Holz, Schilf, Flachs oder Hanf. Achte beim Kauf darauf, dass die Platten kompostierbar sind. Dann kannst du sicher sein, dass keine schädlichen Stoffe beigemischt wurden. Genaue Verarbeitungshinweise entnimmst du am besten den Herstellerangaben.

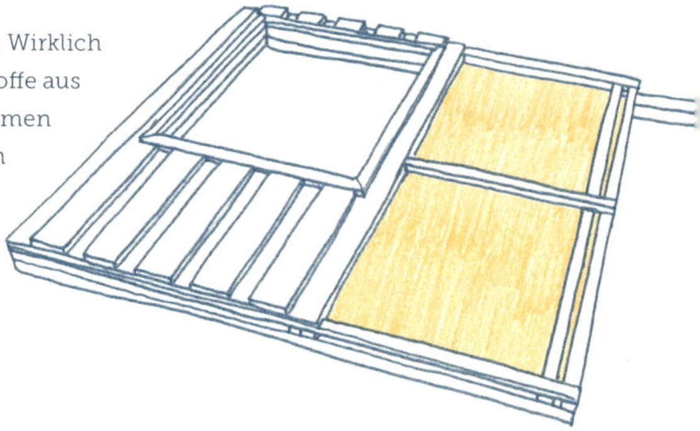

Dach

Das Dach solltest du nach Möglichkeit vor Fertigstellung deines Baumhauses dämmen, dann musst du nicht über Kopf arbeiten. Am besten dämmst du das Dach von außen auf der Sichtschalung. Doppele die Sparrenlage dazu auf der Sichtschalung auf und verschraube sie mit den darunter verlaufenden Sparren. In die Zwischenräume klemmst du die Faserdämmplatten. Darauf kommt noch eine Bretterlage. Dann die wasserdichte Folie darüberlegen, festtackern und wie in Kapitel 4.10 weiterarbeiten.

Boden

Das Prinzip bei der Dämmung des Bodens ist das gleiche, nur ohne die Lattung. Lege im fertig montierten Baumhaus wasserdichte Folie auf deinen Bodenbrettern aus und lasse sie an den Rändern einige Zentimeter hochstehen. Verklebe die Fugen. Lege dann Bodenriegel so auf dem Boden aus, dass die Zwischenräume jeweils genauso breit sind wie eine Faserdämmplatte. Verschraube die Riegel, wo es möglich ist, mit den darunter verlaufenden Plattformriegeln. Dann verlegst du den Boden so wie in Kapitel 5.1 beschrieben.

Wände

Holzfaserdämmplatten in einer Stärke von 6 cm lassen sich bestens zwischen die 6 x 6-cm-Fichtenriegel der Wandrahmen klemmen. Danach mit der Innenschalung deiner Wahl verkleiden (s. Kap. 4.5), fertig.

Der Wandaufbau sieht bei gedämmten Wänden etwas anders aus als bei unserem Baumhaus. In diesem Fall empfehlen wir, die Außenschalung auf einer Lattung anzubringen, um für eine gute Hinterlüftung zu sorgen. Dazu bringe auf den gedämmten Wandrahmen erst eine (am besten diffusionsoffene) Folie an. Dann erst kommt die Lattung und darauf die Außenschalung (s. Abb. oben).

5.4 Innenverkleidung

Wenn du die Wände deines Baumhauses dämmst, musst du sie anschließend auch innen verkleiden.

Dafür bieten sich Nut-und-Feder-Bretter aus unterschiedlichen Hölzern an. Diese sind in der Regel 20 mm stark. Beachte bereits bei der Planung deines Baumhauses, dass die Wandrahmen ausreichend Befestigungsmöglichkeiten für die Innenverkleidung bieten. Diese sollte möglichst in 70-cm-Abständen befestigt werden können. Gut geeignet als Innenschalung sind z. B. Profilbretter aus Fichte, Tanne, Douglasie, Zirbe, Kiefer.

Boden

Auch ein Fußboden muss auf der unteren gedämmten Außenhülle verlegt werden. Bodendielen gibt es verlegefreundlich ebenfalls als Nut-und-Feder-Bretter. Sie sind etwas dicker als die Innenschalungsbretter, meistens zwischen 25 und 28 mm. Gut geeignet als Bodenbelag sind z.B. Fichte, Kiefer, Eiche, Esche, Ahorn, Buche.

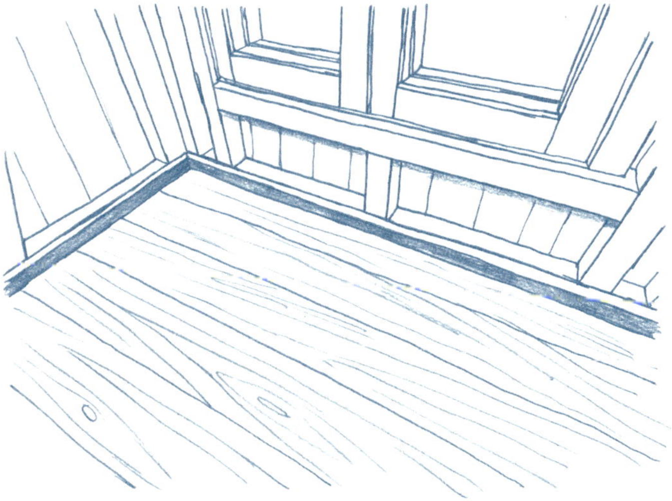

Was wäre ein Baumhaus ohne geeignete Fluchtmöglichkeit wie z. B. die geheime Luke im Boden zum Kletternetz oder die Feuerwehr-Rutschstange? Wir haben dir eine Auswahl der beliebtesten Besonderheiten zusammengestellt. Auch wenn dein Baumhaus kein Spielhaus werden soll, findet sich bestimmt das eine oder andere Juwel, mit dem du es noch aufwerten kannst.

6

Sonder-
ausstattung

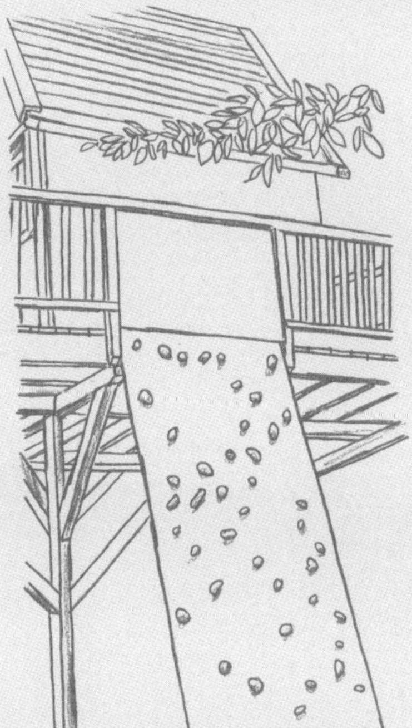

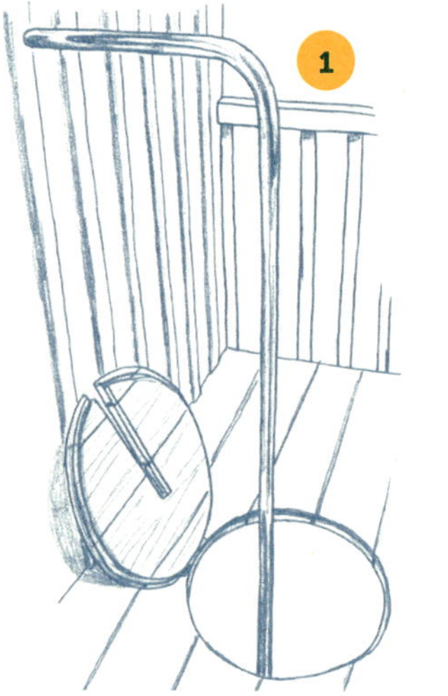

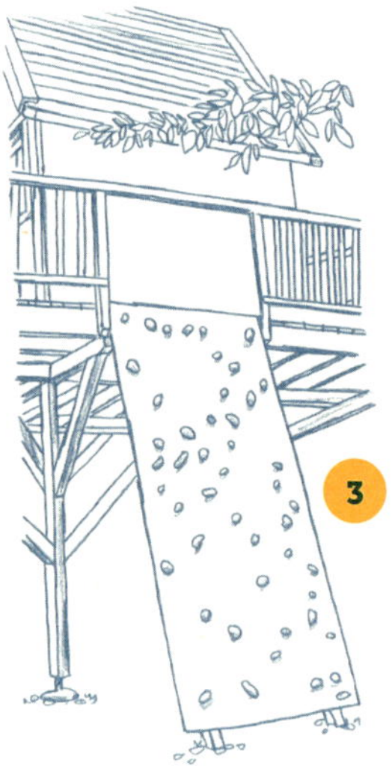

Feuerwehr-Rutschstange 1

Beliebt bei Kindern bis ins hohe Alter, besonders auch in Kombination mit der Bodenluke. Die Stangen gibt es in verschiedenen Längen, fertig zum oben Anschrauben und unten Einbetonieren. Lässt sich auch aus einem Edelstahlrohr selbst bauen, dann muss allerdings oben besonders auf eine stabile Befestigung geachtet werden.

Korblift

Zum Heraufziehen von Proviant, Büchern und gelegentlich auch Hausaufgaben. Als selbstentwickelte Seilbahn unter Verwendung von alten Fahrrädern eine besondere Herausforderung.

Fahrrad-Lift

Ein noch anspruchsvollerer Lift: der fahrradbetriebene Baumhaus-Aufzug. Entwickelt von Ethan Schlussler in den USA. Schau dir dazu am besten sein YouTube-Video an.

Kletternetz

Über ein Kletternetz lässt sich das Baumhaus bestens entern. Gibt es in verschiedenen Farben und Ausführungen, wird oben angeschraubt und unten einbetoniert.

Knotenseil 2

Alles was man für dafür braucht, ist ein Seil und ein Schraubhaken. Simpel und effektiv.

Kletterwand 3

Die Griffe gibt es im Sportgeschäft oder Kletterladen. Schraubt man sie auf eine große Lärchenplatte, hat man eine Kletterwand. Von der Anfängerwand bis zum Todes-Überhang kannst du dir so jede Route schrauben.

Nestschaukel

gibt es als offene oder geschlossene Variante, dann schon fast selbst ein kleines Baumhaus. Von unten an die Plattform hängen oder an den Nachbarbaum.

Flying Fox/ Seilrutsche

Die schnellste und spaßigste Methode, um im eigenen Garten von A nach B zu kommen. Am besten von der Plattform zu einem weit entfernten Baum nach unten sausen. Bei der Variante über den See kann man in der Mitte einfach loslassen und untertauchen.

Bodenluke

In der absperrbaren Ausführung gleichzeitig ein wirksamer Schutz vor ungebetenen Gästen.

Individuelle Mechaniken und Mechanismen

Tüftelt herum, lasst euch was einfallen. Jedes nicht nach Plan gebaute Detail macht euer Baumhaus einzigartig.

Geheimfach

Ohne Abbildung, sonst wäre es ja nicht mehr geheim. Ein unsichtbares Türchen irgendwo in der Wand. Dahinter: ...

Inspiziere mit deinen Kindern gemeinsam das Baumhaus. Findet heraus, was ihm noch fehlt und wo der geeignete Platz für ein Geheimversteck oder eine Nestschaukel ist.

Hängebrücke

Ideal, um in der Höhe zwei Plattformen miteinander zu verbinden. Ketten oder Stahlseile eignen sich für die sichere Installation am besten, wenn man Bretter auflegen möchte. Einfachere Seilbrücken sind weniger aufwendig in der Installation, nicht so komfortabel zu gehen, dafür noch abenteuerlicher.

Rutsche

Ein weiterer Klassiker. Besonders in der aufwendigsten Ausführung als Tunnelrutsche eine sehr beliebte Fluchtmöglichkeit bei plötzlichem Erscheinen der Eltern.

Schaukel

Der Klassiker. Besonders schön dort, wo man einen guten Blick auf das Baumhaus hat. Zum Beispiel am Nachbarbaum. Ein Brett, zwei Seile, fertig.

Hängematte

Hier in Kombination mit Hängebrücke, Rutsche und Schaukel. Ebenfalls ein Klassiker, mit Plane darüber auch bei Regen sehr zu empfehlen.

Literatur

Dein Wissensdurst über Baumhäuser ist gerade erst geweckt? Möchtest du mehr über Bäume wissen, dein eigenes Bett bauen oder deine Kinder auf das Projekt spielerisch vorbereiten? Dafür haben wir dir breit gefächerte weiterführende Literatur aufgelistet: Von Baumbestimmungsbüchern über Bildbände und Kinderbücher bis zu Romanen findest du eine sorgfältig erstellte Auswahl an Literatur zum Thema Baum, Holz und Baumhäuser.

Unterstütze am besten deine lokale Buchhandlung und bitte den Buchhändler oder die Buchhändlerin, die Bücher deiner Wahl für dich zu ordern. In den meisten Fällen ist die Bestellung bereits am nächsten Tag da und du kannst loslesen. Oft hat er oder sie noch einen anderen guten Literaturtipp für dich.

Wir haben die Liste gewissenhaft erstellt, doch bietet sie keinen Anspruch auf Vollständigkeit. Englische Bücher haben wir dann angeführt, wenn es kein vergleichbares Äquivalent oder eine deutsche Übersetzung gab. So, und nun viel Freude beim Entdecken!

Baumbestimmung

Margot Spohn und Roland Spohn: *Welcher Baum ist das?* (Kosmos-Naturführer), Kosmos Verlag, 2020

Übersichtlich gestaltetes Baumerkennungsbuch zu 350 Bäumen und Sträuchern aus ganz Europa. Eine kostenlose App führt zu Erklärfilmen und Expertentipps.

Tony Russell, Catherine Cutler und Martin Walters: *The World Encyclopedia of Trees. A Reference and Identification Guide to 1300 of the World's most significant trees*, Lorenz Books, 2020

Wunderschön illustriertes und einzigartig umfassendes Standardwerk zu 1300 Baumarten auf der ganzen Welt. Im Moment nur auf Englisch erhältlich.

Margret Gruber-Stadler: *Heimische Bäume bestimmen in allen vier Jahreszeiten*, Freya Verlag, 2018

Sehr übersichtliches und aufgeräumtes Baumbestimmungsbuch für den heimischen Wald. Ausführlich werden die Bäume inklusive Blatt, Knospe, Borke und Habitus im Verlauf der Jahreszeiten dargestellt.

Informatives über Bäume

Claus Mattheck: *Stupsi erklärt den Baum. Ein Igel lehrt die Körpersprache der Bäume*, Karlsruher Institut für Technologie, 2010

Von Baumhausbauern und Arboristen empfohlenes Buch zur Baumgesundheit. Kommt daher wie ein Kinderbuch, ist aber ein verständlich und einfach erklärtes Werk über komplexe Sachverhalte. Für Groß und Klein!

Claus Mattheck: *Aktualisierte Feldanleitung für Baumkontrollen mit Visual Tree Assessment*, Karlsruher Institut für Technologie, 2007

Fundierter und kurzweiliger Leitfaden zur Baumgesundheit. Lerne die Körpersprache der Bäume und Pilze kennen und ihre Warnsignale zu verstehen.

David Suzuki und Wayne Grady: *Der Baum. Eine Biografie*, oekom Verlag, 2012

Sieben Jahrhunderte im Leben einer Douglasie, verdichtet in einem Buch. Durch dieses begreift man erst, wie alles mit allem zusammenhängt und wie essenziell Bäume für Mensch und Natur sind. Nach diesem Buch wirst du dich vor jedem Baum verneigen.

Erwin Thoma: *Dich sah ich wachsen. Was der Großvater noch über Bäume wusste*, Servus Verlag, 2020

Förster Thoma verrät die Geheimnisse, Traditionen und wunderbaren Eigenschaften des Holzes.

Peter Wohlleben: *Das geheime Leben der Bäume. Was sie fühlen, wie sie kommunizieren – die Entdeckung einer verborgenen Welt*, Heyne Verlag, 2019

Bäume tauschen Botschaften aus, empfinden Schmerzen, haben ein Gedächtnis. Solche und weitere Geheimnisse verrät der bekannte Förster Peter Wohlleben.

Peter Wohlleben: *Bäume verstehen. Was uns Bäume erzählen, wie wir sie naturgemäß pflegen*, Pala Verlag, 2017

Hilfreiches Werk, um die Bäume im eigenen Garten besser kennenzulernen und artgerecht zu pflegen.

Nalini Nadkarni: *Between Earth and Sky. Our Intimate Connections to Trees* (engl.), University of California Press, 2009

Ungeahnte Zusammenhänge aus der Welt der Bäume beschreibt das Buch dieser weltbekannten Arboristin.

Qing Li: *Die wertvolle Medizin des Waldes. Wie die Natur Körper und Geist stärkt*, Rowohlt Taschenbuch, 2018

Wie Waldbaden praktiziert wird, du dir den heilsamen Duft des Waldes nach Hause holst oder welche Zimmerpflanzen besonders gesundheitsförderlich sind, kannst du hier nachlesen.

Schönes und Lehrreiches über Bäume

Jonathan Drori und Lucille Clerc (Ill.): *In 80 Bäumen um die Welt*, Laurence King Verlag, 2018

Das außergewöhnlich schön illustrierte Buch präsentiert auf faszinierende und informative Weise Wissen über die geschichtsträchtigsten Bäume der Welt.

Kevin Hobbs und David West: *Die Geschichte der Bäume und wie sie unsere Lebensweise verändert haben*, Laurence King Verlag, 2020

Eine wunderschön visualisierte und informative Kulturgeschichte der Bäume.

Jen Green: Bäume: *Entdecke die verborgene Welt des Waldes*, Dorling Kindersley Verlag, 2019

Das Wunderwerk Baum in all seinen Facetten: von den Wurzeln bis in die Baumkrone informativ, prägnant und lustvoll bebildert.

Steve Marsh: Naturelove. *Die 50 schönsten Bäume der Welt. Ein Buch wird zum Kunstwerk*, Dorling Kindersley Verlag, 2019

Eine optisch bezaubernde Reise zu den edelsten Bäumen der Welt gespickt mit informativen Geschichten.

Cesare Leonardi & Franca Stagi: *The Architecture of Trees*, Abrams & Chronicle Books, 2019

Für Baumliebhaber: großformatige von Hand gezeichnete monochrome Darstellungen von 212 Bäumen im Verlauf der Jahreszeiten.

Fiona Stafford: *Long, Long Life of Trees*, Yale University Press, 2017

Wie werden Bäume im Lauf der Geschichte in Kunst, Geschichte, Handel und Volkskunde dargestellt? Mit persönlichen Kommentaren der Baumliebhaberin und Autorin versehen entführt dich dieses Buch auf eine spannende Exkursion in das lange Leben der Bäume.

Jennifer Davis: *100 Dinge, die du im Wald tun kannst*, Laurence King Verlag, 2020

Nun habe ich ein Baumhaus, aber was mache ich im Wald? Bau dir einen Unterschlupf, beginne ein Waldtagebuch oder gehe Waldbaden. Dieses zauberhaft bebilderte Buch bietet zahlreiche Anregungen zu dieser Frage. Auch für Kinder interessant.

Marion Hahnfeldt, Nadine Ormo et al.: *Waldwunder. Vom Glück, im Grünen zu sein. Kleine Auszeiten in Bildern und Geschichten*, DuMont Reiseverlag, 2018

Bäume erklettern, Wälder erwandern, im Baumhaus übernachten, versteckte Badeseen entdecken – in facettenreichen Essays bereist du die schönsten Wälder Europas. Wunderschönes Coffee Table Book mit großem Inspirationspotenzial. Mit einem Artikel von Miriam über unsere Norwegenreise.

John Lewis-Stempel: *Im Wald. Mein Jahr im Cockshutt Wood*, DuMont Buchverlag, 2020

Lebe mit Englands bestem Natur-Autor vom Frühling bis zum Winter im Wald. Mit poetischem Gespür entwirft er Bilder der Natur, die lehrreicher, humorvoller und kurzweiliger nicht sein könnten.

Baumhäuser

Pete Nelson: *Die wunderbare Welt der Baumhäuser.Design, Konstruktion, Inspiration*, Brandstätter Verlag, 2014

Neben den originellsten Baumhäusern der Welt entdeckt man hier, wie man ein Baumhaus von der Idee bis zum letzten Brett realisiert.

Sybille Kramer: *Green, Hidden and Above. The Most Exceptional Treehouses*, Braun Publishing, 2015

Vom Abenteuerbaumhaus für Kinder über naturnahe Rückzugsorte bis zum Baumhaushotel – in diesem Bildband findest du eine inspirierende Zusammenstellung spannender Baumhäuser für dein eigenes Projekt.

Philip Jodidio: *tree houses*, Taschen Verlag, 2018

Dieses großformatige Werk vereint 50 außergewöhnliche Baumhäuser auf allen Kontinenten.

Paula Henderson & Adam Mornement: *Die Welt der Baumhäuser. Wolkenkuckucksheime zum Genießen*, Deutsche Verlagsanstalt, 2005

Neben Informationen zu historischen, zukünftigen, öffentlichen und privaten Baumhäusern bekommst du Tipps zum Baumhausbau und erfährst mehr über die Geschichte der Baumhäuser.

Alain Laurens und Daniel Dufour: *Traumhafte Baumhäuser*, AT Verlag, 2009

La Cabane Perchée präsentiert 30 seiner schönsten zum Wohnen geeigneten Wipfelnester aus ganz Europa.

Holzbearbeitung

Erwin Thoma: *Holzwunder. Die Rückkehr der Bäume in unser Leben*, Servus Verlag, 2020

Arbeite mit der Natur, nicht gegen sie, ist die Quintessenz dieses Werkes. Neueste Forschungsergebnisse vereinen sich mit uralten Weisheiten und praktischen Anwendungsbeispielen zum Thema Holzbearbeitung.

Praxisbuch Holz. Techniken – Werkzeuge – Projekte, Dorling Kindersley Verlag, 2020

Dieses umfassende Werkbuch vereint 25 verschiedene Projekte (inkl. Möbel) für alle Könnensstufen mit über 2800 Abbildungen und ausführlichen Werkzeugbeschreibungen.

Andy Standing: *Aus einem Brett: Einfache Holzprojekte*, Landwirtschaftsverlag Münster, 2017

Hervorragend geeignet, um als Baumhausbauer*in Holzreste sinnvoll zu verwerten. Egal ob als Werkzeugkiste, Klapphocker oder Wetterfahne.

Paul Forrester: *Handbuch Holzarbeiten*, Frech Verlag, 2011

Ein Schritt-für-Schritt-Praxisbuch: von der Kaufberatung des richtigen Materials und Werkzeugs über Grundtechniken der Holzbearbeitung bis zu zahlreichen Ideen für Projekte.

Christopher Stuart: *Do It Yourself Möbel: 30 verrückte Projekte*, Haupt Verlag, 2011

Christopher Stuart: *Do It Yourself Möbel 2: noch mehr verrückte Projekte*, Haupt Verlag, 2014

Ausgefallene Ideen zu Wohngegenständen einfach erklärt und mit Materialien aus dem Baumarkt umzusetzen.

Jörn U. Lindemann: *33 Projekte ohne Werkstatt. Möbel und Deko selber bauen*, Christian Verlag, 2017

Für Einsteiger, Fortgeschrittene und Profis gibt es hier zahlreiche Möbel und dekorative Objekte zum Nachbauen.

Antje Rittermann: *Einfach Holz. Möbel und Objekte aus gefundenem Holz*, Haupt Verlag, 2015

Wer nachhaltig und kostengünstig Möbel aus gefundenem oder gebrauchtem Holz selbst herstellen möchte, dem empfehlen wir dieses Buch.

Van Bo Le-Menzel: *Hartz IV Moebel.com. Build More Buy Less! Konstruieren statt konsumieren*, Hatje Canz Verlag, 2012

Günstige Möbel in schönem Design selbst herstellen, das gelingt einem mühelos mit diesen Anleitungen.

Antje Rittermann und Susann Rittermann: *Bänke aus Holz: 60 Bauanleitungen und Geschichten*, Haupt Verlag, 2019

Du suchst noch nach einer individuellen Bank für dein Baumhaus? Bei dieser vielseitigen Auswahl wirst du bestimmt fündig.

Ingo Gabriel: *Praxis Holzfassaden*, ökobuch, 2009

25 Jahre profunde Erfahrung des Autors fließen in das umfassende Praxisbuch mit ein.

Stefan Andritschke, Oliver Dünisch et al.: *Verwendung von Holz im Außenbereich. Holzarten, Gestaltung, Konstruktion, Oberfläche*, Deutsche Verlagsanstalt, 2012

Praxisnah und fundiert reicht dieses Werk von traditionellen bis aktuellen Gestaltungsbeispielen für Fassaden, Balkone, Terrassen oder Zäune. Praktische Infokästen, Checklisten und Fragelisten helfen dir, Entscheidungen zu treffen.

Technische Fachbücher

Elektroarbeiten sicher ausführen - selbst ist der Mann. Planung, Installation, Montage, Naumann & Göbel Verlag, 2011

... und die Frau! Wie du auch dein Baumhaus mit Strom versorgen kannst, erfährst du hier.

Thomas Riegler: *Mach's einfach. 222 Anleitungen Elektro-Installationen im Haus*, Franzis Verlag, 2020

Noch umfassender ist dieser kompetente Ratgeber mit zahlreichen Leitfäden für Arbeiten von Lichtschalter anschließen und dimmen bis zur Außen- und Gartenbeleuchtung.

Wolfgang Berger: *Kompost-Toiletten für Garten und Freizeit. Sanitärtechniken ohne Wasser und Chemie*, Ökobuch, 2015

Wenn du ein in jeder Hinsicht autarkes und ökologisches Baumhaus planst, liegst du mit diesem Buch goldrichtig.

Weitere Empfehlungen

Italo Calvino: *Der Baron auf den Bäumen*, Fischer Verlag, 2012

Der Klassiker der Baumhaus-Literatur. Eines Tages wendet sich der zwölfjährige Baron von seiner Familie ab und beschließt, von nun an in den Bäumen zu leben.

Lars Mytting: *Der Mann und das Holz. Vom Fällen, Hacken und Feuermachen*, Insel Verlag, 2014

Viel empfohlenes, humorvolles und süffig zu lesendes Buch mit neuem Hintergrundwissen zum Thema Feuerholz.

Artur Cisar-Erlach: *Der Geschmack von Holz. Auf der Suche nach dem wilden Aroma der Bäume*, Malik Verlag, 2020

Der Waldökologe und Lebensmittelexperte zaubert dir den Wald auf den Gaumen und nimmt dich mit auf eine kulinarische Entdeckungsreise um die Welt.

Sally Coulthard: *Biophilia. You + Nature + Home. A handbook for bringing the natural world into your life*, Kyle Books, 2020

Bringe die Inneneinrichtung deines Baumhauses der Natur noch etwas näher und steigere dadurch dein Wohlbefinden. Wunderschön produziertes Buch mit inspirierendem Inhalt.

Bücher für Kinder

2–4 JAHRE

Angela Weinhold: *Der Wald* (Wieso? Weshalb? Warum? junior, Band 6), Ravensburger Verlag, 2004

Ein Waldspaziergang wirft viele Fragen auf: Was isst ein Baum? Welche Tiere wohnen im Wald? Zu welchem Baum gehört dieses Blatt? Spielerisch beantwortet sie die Autorin.

Daniel Prusse: *Unser Werkzeug* (Wieso? Weshalb? Warum? junior, Band 40), Ravensburger Verlag, 2011

Zwei Geschwister bauen mit ihrem Papa ein Spielhäuschen für den Garten. Erstes Sachwissen über die wichtigsten Werkzeuge für die Kleinsten, mit Klappen zum Entdecken. Von unserem Sohn getestet und für sehr gut befunden.

Sabine Wiemers und Sylvia Heinlein: *Pit im Baumhaus*, Beltz & Gelberg, 2003

Pit hat die Schnauze voll von seinen vielbeschäftigten Eltern und zieht ins Baumhaus. Der Baumbaron für die Kleinsten.

Erwin Moser: *Mein Baumhaus. Geschichten von über und unter der Erde*, Beltz & Gelberg, 2019

Entzückende (Baumhaus-) Geschichten über Wald und Wiese von Kinderklassikerautor Erwin Moser.

4–6 JAHRE

Susanne Gernhäuser und Guido Wandrey: *Alles über Bäume* (Wieso? Weshalb? Warum?, Band 52), Ravensburger Verlag, 2020

Mithilfe von Klappen entdecken junge Forscher die Bäume von der Knospe bis unter die Rinde, lernen, wie Bäume mit dem Klima zusammenhängen und wie sie den Riesen der Wälder schützen können.

Piotr Socha und Wojciech Grajkowski: *Bäume*, Gerstenberg Verlag, 2018

In diesem großen Bilderbuch findet sich die gesamte Vielfalt der Bäume wieder: von urgeschichtlichen Bäumen über die Nutzung als Instrumente bis hin zu Baumungeheuern. Für Kinder wie Erwachsene ein visuelles Meisterwerk. Erst ungefähr ab fünf Jahren geeignet, aber unser Sohn liebte die Illustrationen schon mit zwei Jahren.

René Mettler: *Das große Buch der Bäume*, Sauerländer Verlag, 2019

Spannend und detailreich bebildertes Sachbuch. Behandelt nicht nur den Baum, sondern auch die ihn umgebende Flora und Fauna.

Gerda Muller: *Unser Baum. Vom Leben einer alten Eiche*, Moritz Verlag, 2018

Wunderschön illustrierte Neuauflage der Erstausgabe von 1991. Fachwissen eingebettet in eine bezaubernde Geschichte über eine 300 Jahre alte Eiche, deren Bewohner und umgebende Natur.

Pelle Krautwald: *Der Werkdachs und das Holzlager vom Biber*, Krautwaldverlag, 2018

Für werkzeugbegeisterte Waldläufer. Eingebettet in eine Geschichte über den Werkdachs und seinen Freund, den Biber, erfahren Kids viel Informatives über Holzbearbeitung und Reparatur einer Gitarre.

Lars Klinting: *Kasimir tischlert*, Oetinger Verlag, 1996

Was für ein Chaos in der Werkstatt! Da zimmert Biber Kasimir sich doch lieber mal eine Werkzeugkiste. Eine pädagogisch wertvolle Geschichte mit entzückenden Bildern, detaillierter Beschreibung und Bauanleitung.

Carter Higgins und Emily Hughes: *Everything You Need for a Treehouse* (engl.), Chronicle Books, 2018

In Reimform geschriebenes und zauberhaft bebildertes Kinderbuch über den Bau von fantasievollen Baumhäusern. Gerade für die Ideenfindung eine beflügelnde Inspiration.

6–8 JAHRE

Kirsteen Robson und Sam Smith: *Naturführer. Bäume* (Usborne Minis), Usborne Publishing, 2020

Büchlein einstecken und Baumarten bestimmen! Haben die Kinder welche entdeckt und erkannt, können sie diese als Sticker in die Beobachtungstabelle kleben.

Peter Wohlleben: *Hörst du, wie die Bäume sprechen? Eine kleine Entdeckungsreise durch den Wald*, Oetinger Verlag, 2017

Erfrischende Lektüre der ungewöhnlichsten, humorvollsten und pfiffigsten Fragen über Bäume und ihre Bewohner.

Pelle Krautwald: *Die Werkfibel. Werkzeug für Kinder*, Krautwaldverlag, 2018

Zahlreiche Informationen für kleine Werkanfänger: von der Handhabung und Beschreibung der wichtigsten Werkzeuge bis zu Tipps für sicheres Arbeiten.

Antje Rittermann und Susann Rittermann: *Werkstatt Holz: Techniken und Projekte für Kinder*, Haupt Verlag, 2014

Tolles Handwerksbuch für 5-12 Jährige mit verschiedenen Holzbearbeitungstechniken, Werkzeuganleitungen und Projektideen. Von Kindern getestet.

Carsten Andres: *Tolle Schnitzereien. 16 kreative Projekte aus Grünholz*, Naumann & Göbel Verlag, 2017

Wenn du den Dachstuhl baust, aber deine Kinder mithelfen wollen, finden sich hier zahlreiche Anregungen für lustige und nützliche Schnitzereien aller Art.

Naomi Walmsley: *Wald. Dein größtes Abenteuer*, Heel, 2019

Blattdrucke für das Baumhauskissen, Baumgeister oder Vogelfutterknödel aus Waldmaterial basteln, während du z. B. am Dachstuhl werkst und neidisch auf deine Kinder linst. Dieses Buch verdichtet zahlreiche spannende Anregungen für Aktivitäten im Wald.

8–10 JAHRE (UND ÄLTER)

Charlotte Voake: *Linde, Weide, Apfelbaum: Bäume bestimmen mit Kindern*, Gerstenberg Verlag, 2011

Ein liebevoll illustriertes Bestimmungsbuch. Macht auf spielerische Art und Weise Lust, Bäume genauer zu untersuchen.

Hubert Reeves: *Hubert Reeves erklärt uns den Wald*, Verlagshaus Jacoby & Stuart, 2019

Unterhaltsamer Wald-Comic mit wertvollem Sachwissen. Der kanadische Atom- und Astrophysiker erklärt einer Schulklasse unser Ökosystem, warum der Wald so wichtig für uns ist und was wir tun können, um ihn zu erhalten.

Holger Haag: *Welcher Baum ist das? Kinder-Naturführer. Entdecken, erkennen, erleben*, Kosmos Verlag, 2017

In diesem logisch aufgebauten Buch bekommt man neben Informationen zu den 85 wichtigsten Bäumen und Sträuchern hilfreiche Tipps und Tricks zum Selbermachen.

Nicola Davies und Lorna Scobie: *Das Wunder der Bäume*, arsEdition, 2019

Bunt, üppig, hochinformativ. Ein großformatiges, erfrischendes Wimmelbuch des Waldes. Auch schon ab sieben Jahren lesbar.

Websites

www.baumbaron.de

Als Inspiration für deine Baumhäuser findest du auf der Website unserer Baumhaus-Werkstatt unsere schönsten Projekte mit Miriams Texten.

www.baumhausblog.com (DE) oder www.treehouseblog.com (EN)

In unserem Blog gibt es viele Artikel rund um Baumhäuser und FAQs zum Baumhausbau zu entdecken. Dort könnt ihr uns auch gerne Fragen zu eurem Projekt schreiben oder uns Fotos eures fertigen Baumhauses zur Veröffentlichung auf unsrem Blog schicken. Auch Literaturtipps und sonstige Empfehlungen nehmen wir jederzeit gerne entgegen.

www.thetreehouse.shop

Viele hilfreiche Tipps zum Thema Baumhausbauen und Bezugsquellen für die von uns verwendeten Baumschrauben gibt es im Treehouseshop. Außerdem gibt es dort auch Werkzeug zum Ausleihen.

www.baumpflegeportal.de

Du bist dir nicht sicher, ob dein Baum auch ganz gesund ist? In diesem umfangreichen Verzeichnis von Baumpfleger*innen in ganz Deutschland wirst du fündig.

www.waldkulturerbe.de

Auf dieser Website kannst du lehrreiche Informationsmaterialien kostenfrei bestellen, u.a. die Waldfibel, eine schön gestaltete Broschüre mit viel Wissenswertem über den Wald und seine Bewohner. Die Waldfibel gibt es auch als App für iOS und Android.

www.nelsontreehouse.com

Lass dich auch von den Projekten von Baumhaus-Pionier Pete Nelson und seinem Team beflügeln. Dort gibt es u.a. einen Shop mit Hardware und Bauplänen zum Download.

www.treehouses.com

Baumhaus-Pionier Michael Garnier heißt dich im Out'n'About Treehouse Resort willkommen. Dort findet jährlich die Worldwide Treehouse Conference statt, in der sich Baumhausbauer*innen sowie Baumhaus-Interessierte aus aller Welt treffen und austauschen. Auch auf dieser Seite gibt es Baupläne zum Herunterladen.

www.indiviva.de/produkte

Nachhaltige Haustechnik fürs Tiny House oder Baumhaus

Bezugsquellen

Hier stellen wir euch unsere persönliche Auswahl an bewährten Lieferanten vor. Jegliches Material, das wir verwendet haben, könnt ihr in diesen Shops finden, außer das Holz, das wir im örtlichen Sägewerk bezogen haben, da ist ein persönlicher Ansprechpartner einfach gut. So weiß man, woher das Material stammt, außerdem ist eine gute persönliche Beratung durch nichts zu ersetzen.

www.thetreehouse.shop

Hier kannst du die von uns verwendete Hardware wie die „GTS-Allstar" bestellen und das zur Installation notwendige Werkzeug ausleihen. EU-weiter Versand.

www.freeworker.de

Alles, was das Baumhausbauer-Herz begehrt, findest du in diesem Shop, u.a. Kletterausrüstung und arretierbare Flaschenzüge. Außerdem gibt es eine große Auswahl an Fachliteratur zum Thema Bäume und Baumpflege.

www.contorion.de

Ein riesiger Shop mit einer großen Auswahl an hochwertigem Profi-Werkzeug.

www.dictum.de

Für viele Handwerker das Nonplusultra mit Schwerpunkt Handwerkzeug und feinste Maschinen. Gute Auswahl an Fachliteratur.

www.die-werkkiste.de

Ein toller Shop mit ergonomisch passendem und qualitativ hochwertigem und funktionierendem Werkzeug für Kinder, inkl. Schutzausrüstungen, Literatur und Workshops zum Werkzeugführerschein.

www.egginger-naturbaustoffe.de

Holzfaserdämmplatten und andere natürliche Dämmstoffe, hochwertige Bodenbeläge und AURO-Produkte zur Holzbehandlung.

www.holzschindeln.de

Holzschindeln unterschiedlicher Qualitäten und Tipps zum Verlegen.

www.spielendraussen.de

Schaukeln, Rutschen, Seilbahnen, Feuerwehr-Rutschstangen und vieles mehr aus der Spielplatz-Abteilung.

www.schutznetze24.de

Kletternetze und Schutznetze auf Maß.

www.cacoonworld.com

Hersteller von schönen und sehr gemütlichen Nestschaukeln/Hängezelten. Auch ohne Baumhaus eine Bereicherung für jeden Baum.

Register

T

U

V

W

Z

Dank des Autors und der Autorin

Wir möchten allen von Herzen danken, die uns beim Bau des Baumhauses und beim Schreiben dieses Buches unterstützt haben. Allen voran unseren Mamas und Papas, die uns immer darin bestärkt haben, das zu tun, was uns am Herzen liegt. *Johannes Schelle*, dafür dass das Arbeiten mit dir bei baumbaron das Großartigste ist, was man für Geld tun kann. *Rainer Rohm, Tim Gemsjäger, Vitus Wahlländer, Paula Töpper, Josef Hitsch, Sebastian Hage & Felix Herzberg* dafür, dass wir zusammen so ein Wahnsinns-Team sind. An *Vitus* ein Extra-Danke für die Weiterentwicklung der Baumschraube. *Gabriel Faber* für Deine tatkräftige Unterstützung, *Casey Clapp* für die Hinweise zur Baumgesundheit, *Familie Davidoff* und Tochter *Leni* für die Möglichkeit, auf ihrem wunderschönen Grundstück zu bauen, für die Unterstützung beim Baumhausbau und Lenis Skizze. Vielen Dank nicht zuletzt an *Jo Lightfoot* und *Zara Larcombe* und alle anderen Beteiligten bei Laurence King Publishing für die Möglichkeit, unser Wissen mit anderen zu teilen und die Welt um viele Baumhäuser reicher zu machen. *David Sparshott* möchten wir für die schönen Illustrationen in diesem Buch danken, die wesentlich zum Verständnis der einzelnen Arbeitsschritte beitragen.

Darüber hinaus geht tief empfundene Dankbarkeit von Christopher den weiten Weg nach Amerika an *Pete Nelson*, für alles was du mir gezeigt hast. *Judy, Emily, Charlie & Henry Nelson, Bubba & Anna Smith, Daryl McDonald & Nicola Temple*, Rusty, *Jake Jacob & Lela Hilton, Ian Weedman, Sarah Jay Knauss, Seanix Junker, Kai & Jenny Nybro, Ben Smith, Michael Garnier, Scott Baker*, für die unvergessliche Zeit und alle zukünftigen Erinnerungen. Nicht zuletzt dankt *Miriam* auch *Jürgen Nerger* von Herzen dafür, dass du mir die Tür zum Schreiben geöffnet hast.

Dank des Verlages

Laurence King Publishing bedankt sich bei *Dan Jackson, Pete Nelson* und *Richard Thorne* für ihren Beitrag zum Entstehen dieses Buches.

Über die Autoren

CHRISTOPHER RICHTER Gelernt hat er seinen Beruf in den USA bei Pete Nelson, mit dem ihn seit seinem ersten Besuch im Jahr 2003 eine tiefe Freundschaft verbindet. Seit 2003 baut er nun professionell Baumhäuser, seit 2010 an der Seite von Johannes Schelle bei der am Tegernsee ansässigen Firma *baumbaron*. Als Designer und Planer hat er dort bei Fertigstellung dieses Buches über 100 Baumhäuser gebaut. Insgesamt blickt die Firma auf über 200 gebaute Baumhäuser zurück. Auf der Handwerksmesse in München wurde die Arbeit der Firma baumbaron 2022 mit dem Bayerischen Staatspreis ausgezeichnet.

MIRIAM RÜGGEBERG Die freie Redakteurin und Bloggerin teilt seit 2014 ihre Faszination für Baumhäuser auf *Der Baumhausblog*. Mit gut recherchierten Beiträgen rund um dieses Thema verbreitet sie den Baumhaus-spirit im Netz und erfreut die ständig wachsende Baumhaus-Gemeinde mit interessanten und humorvollen Stories. Noch mehr ihrer Geschichten über Baumhäuser wurden z.B. auf der Website von *baumbaron*, in Büchern und (Online-)Magazinen veröffentlicht.

www.baumbaron.de
www.treehouseblog.com

PETE NELSON Pete verliebte sich als Kind in Baumhäuser und hat seitdem mit seiner Design- und Baufirma Nelson Treehouse and Supply Hunderte von Baumhäusern auf der ganzen Welt gebaut. Er hat mehrere Bücher über die Kunst des Baumhausbaus veröffentlicht und hat als Star der Fernsehserie *Treehouse Masters* bei Animal Planet Television viele seiner Baumhäuser mit seinem Publikum geteilt.

www.nelsontreehouse.com

Hier findest du den Plan für unser Baumhaus zum Download.

2: Oben
In einem bewaldeten Gebiet kannst du deine Besucher*innen fordern, indem du den Eingang separat an einem nahegelegenen Baum anlegst. Eine Wendeltreppe und eine Seilbrücke erhöhen die Herausforderung.

1: Vorherige Seite
Was könnte besser zur Erkundung anregen als eine Seilbrücke?

3: Gegenüberliegende Seite
Lenis fertiges Baumhaus – eine Quelle der Freude und des Stolzes für die nächsten Jahre.

4: Oben
Dieses schmale Baumhaus ist in eine kleine Lücke zwischen den Bäumen an einem bewaldeten Hang gebaut. Das steile Dach und die dunkel gebeizten Wände verleihen ihm ein skandinavisches Flair.

5: Gegenüber
Eine voll verglaste Giebelseite lässt zusätzliches Licht in dieses schattige Baumhaus.

6, 7: Vorherige Seiten
Die Bewohner dieses prächtigen Baumhauses haben die Qual der Wahl, wenn es um das Betreten und Verlassen ihrer Waldvilla geht.

8: Gegenüberliegend, unten
Eine Seilrutsche für den ultimativen dynamischen Abgang.

9: Oben
Die Wände dieser Seilbrücke sind mit Netzen sicher verspannt, bieten aber immer noch ein Gefühl von Abenteuer.

10: Gegenüber
Eine simple Falltür ist ein einfacher Weg, um eine obere Etage zu erreichen. Baue eine abnehmbare Leiter an und du kannst dir aussuchen, wer dich in deinem Baumhaus besuchen darf.

11: Oben
Eine Abdeckung mit einem durchgehenden Schlitz ermöglicht es, die Feuerwehrstange zu sichern, wenn es nötig ist.

12: Folgende Seite
Ein holzverkleideter Innenraum braucht nur wenig Einrichtung, damit er gemütlich wirkt.

13: Oben
Die Einrichtung einer Leseecke sorgt für stundenlanges Vergnügen in deinem Baumhaus.

14: Gegenüber
Was für ein Glück, in einem solchen Raum morgens mit dem Vogelgezwitscher aufzuwachen.

15: Folgende Seite
Eine der ungewöhnlichsten Baumhaus-Ausstattungen – aber was für Gesprächsstoff! Dieser fahrradbetriebene Aufzug wurde entworfen und gebaut von Ethan Schlussler für sein Baumhaus in Idaho.

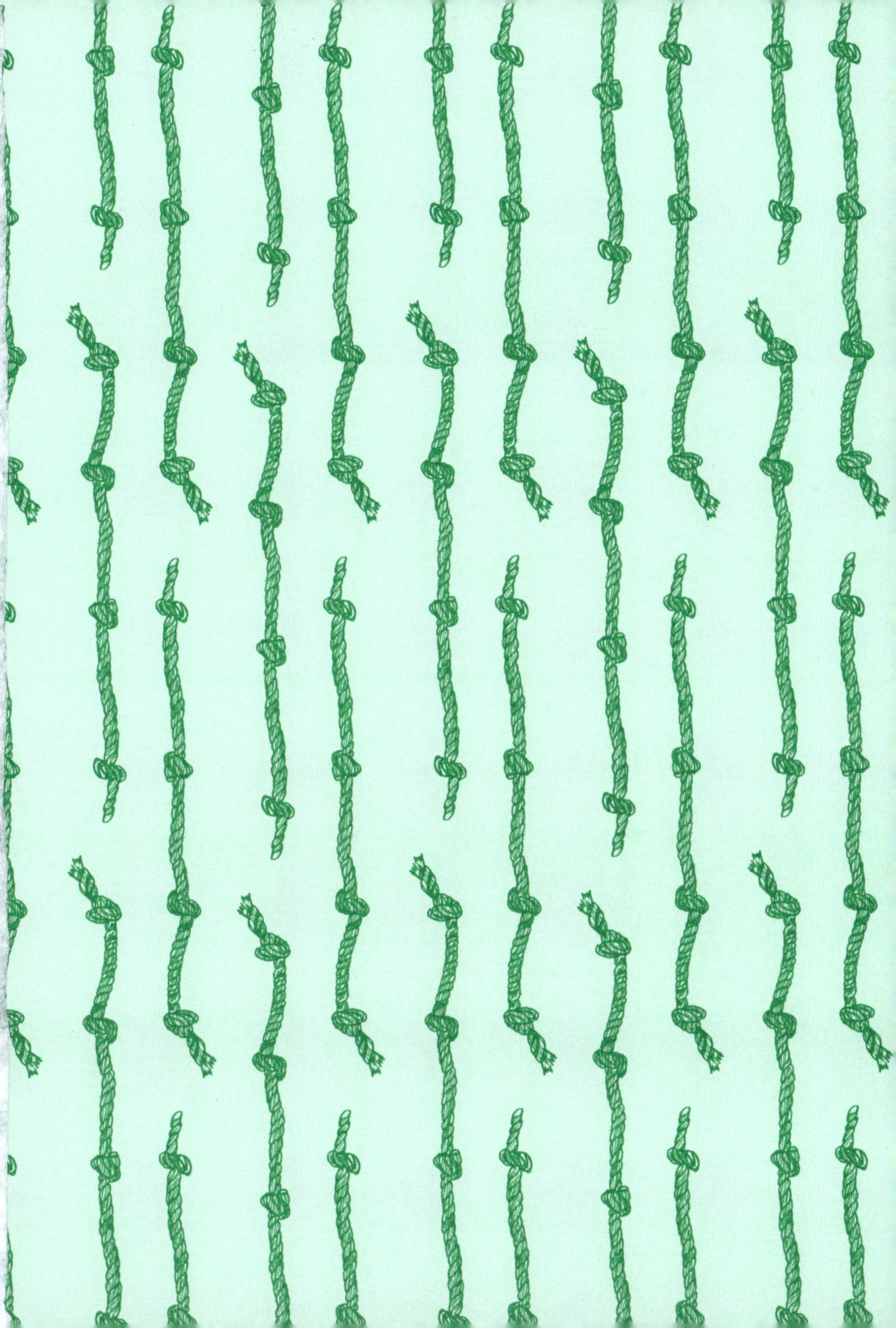

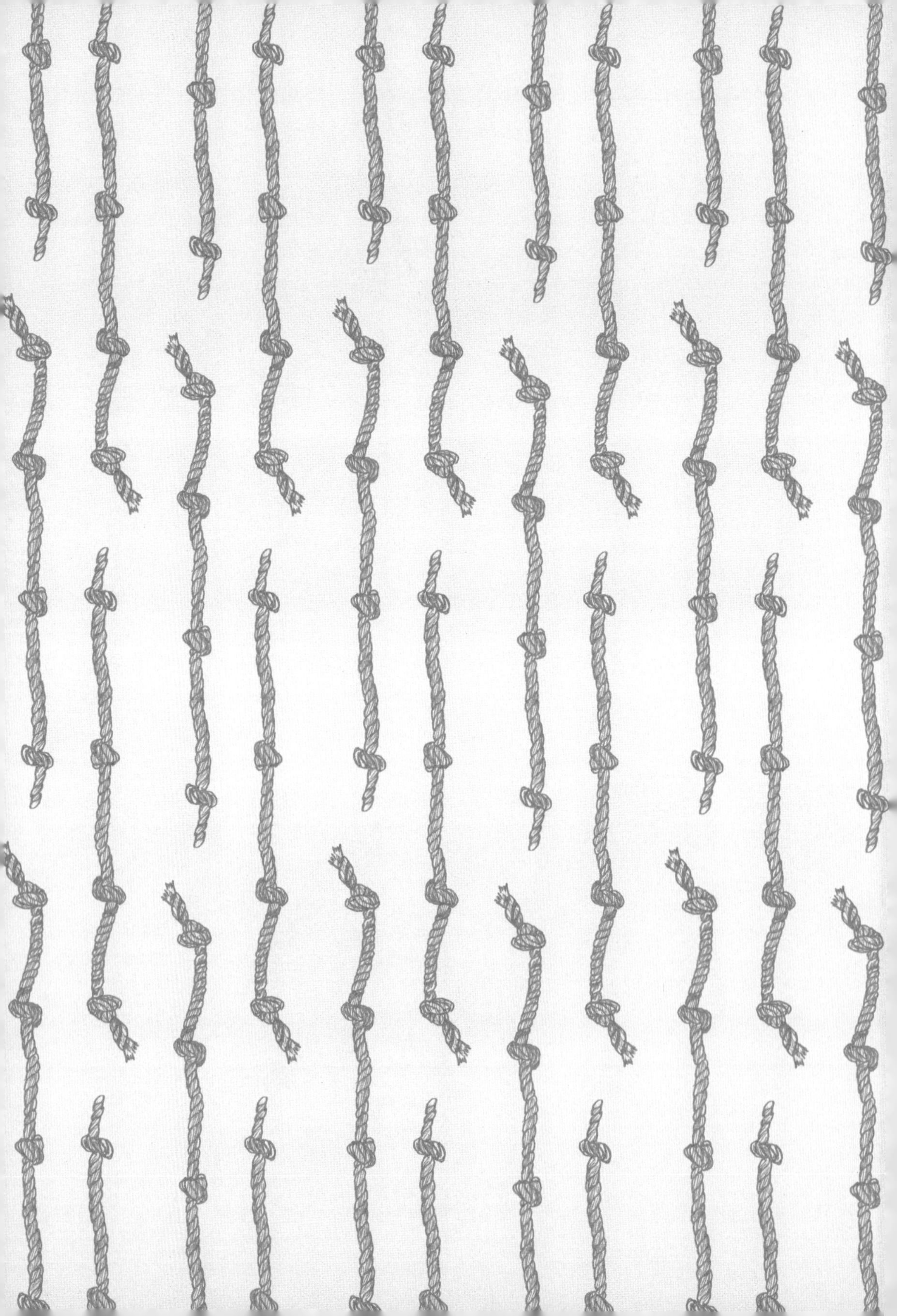